身心灵魔力书系

SHEN XIN LING MO LI SHU XI QING

师风玉/著

M / E / M / O / R / Y

记忆力

过雁原是旧相识

中国出版集团　现代出版社

图书在版编目(CIP)数据

记忆力:过雁原是旧相识／师风玉著. —北京：现代出版社，2013.11
ISBN 978 - 7 - 5143 - 1825 - 8

Ⅰ.①记…　Ⅱ.①师…　Ⅲ.①记忆术 - 通俗读物
Ⅳ.①B842.3 - 49

中国版本图书馆 CIP 数据核字(2014)第 046383 号

作　　者	师风玉
责任编辑	刘　刚
出版发行	现代出版社
通讯地址	北京市安定门外安华里 504 号
邮政编码	100011
电　　话	010 - 64267325 64245264(传真)
网　　址	www.1980xd.com
电子邮箱	xiandai@ cnpitc.com.cn
印　　刷	北京兴星伟业印刷有限公司
开　　本	700mm×1000mm 1/16
印　　张	13
版　　次	2019 年 4 月第 2 版　2019 年 4 月第 1 次印刷
书　　号	ISBN 978 - 7 - 5143 - 1825 - 8
定　　价	39.80 元

P 前　言
REFACE

- -

　　为什么当今时代的青少年拥有幸福的生活却依然感到不幸福、不快乐？怎样才能彻底摆脱日复一日的身心疲惫？怎样才能活得更真实快乐？

　　在英国最古老的建筑物威斯敏斯特教堂旁边,矗立着一块墓碑,上面刻着一段非常著名的话:当我年轻的时候,我梦想改变这个世界;当我成熟以后,我发现我不能够改变这个世界,我将目光缩短了些,决定只改变我的国家;当我进入暮年以后,我发现我不能够改变我们的国家,我的最后愿望仅仅是改变一下我的家庭,但是,这也不可能。当我现在躺在床上,行将就木时,我突然意识到:如果一开始我仅仅去改变我自己,然后,我可能改变我的家庭;在家人的帮助和鼓励下,我可能为国家做一些事情;然后,谁知道呢? 我甚至可能改变这个世界。

　　的确,在实现梦想的进程中,适当缩小梦想,轻装上阵,才有可能为疲惫的心灵注入永久的激情与活力,更有利于稳扎稳打。越是在喧嚣和困惑的环境中无所适从,我们越觉得快乐和宁静是何等的难能可贵。其实"心安处即自由乡",善于调节内心是一种拯救自我的能力。当人们能够对自我有清醒认识,对他人能宽容友善,对生活无限热爱的时候,一个拥有强大的心灵力量的你将会更加自信而乐观地面对现实,面向未来。

　　本丛书将唤起青少年心底的觉察和智慧,给那些浮躁的心清凉解毒,进而帮助青少年创造身心健康的生活,来解除心理问题这一越来越成为影

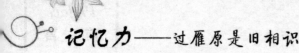

响青少年健康和正常学习、生活、社交的主要障碍。本丛书从心理问题的普遍性着手，分别描述了性格、情绪、压力、意志、人际交往、异常行为等方面容易出现的一些心理问题，并提出了具体实用的应对策略，以帮助青少年朋友科学调适身心，实现心理自助。

C目 录
ONTENTS

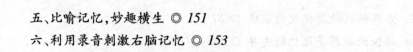

第一章

大脑的神奇

　　人的一切心理活动和智慧活动都是通过人脑实现的。人脑是精神活动的物质基础,要开发我们的大脑,必须先了解大脑的基本结构及其工作原理。要想真正让自己的大脑发达起来,首先要了解大脑是怎样构成的,进而了解它是如何运作、如何记忆,如何集中注意力,如何进行创造性思维,这是科学开发大脑的前提。

一、脑的功能

人的大脑功能远较电脑复杂,具有卓越功能的电脑至多相当鼠脑而已。大脑细胞每秒钟接受成千上万个输入的信息,大部分收到的信息来自视觉。每分钟由周围神经传人的信息近亿个,即使在睡眠时,脑与身体各部位信息的往返传递亦达5000万次。大脑信息的传递速度,据推算,1小时可达576公里。脑与脊髓输送信息至600多块不同的肌肉。每个神经元在传递一个信号后,在短于0.001秒时间内即可输送第二个信号。脑的各个部位,有其不同分工。

1.大脑:大脑让我们思考,并负担复杂的工作,如讲话、阅读和控制有意识的运动。大脑分成左右两半球,左半球控制右半侧躯体的随意运动,右半球控制左半侧躯体的随意运动。大脑的两个半球,其中之一占支配地位,这可根据平日习惯上用哪一侧手操作(如写字、刷牙、用筷)来判断:习惯用右手,则左半球占支配地位;习惯用左手,则右半球占支配地位。支配地位的脑半球主司逻辑推理、思维组织、阅读与写作、语言、计算、符号的认识。另一半球主司空间关系的认识、音乐及艺术才能,对人物的认识、想象与梦幻、情感上的感受、幽默感。换言之,支配地位一侧的脑半球可视为承担理智性、需要思考推理的事;另一半偏重直觉的感受与想象,反映了感情的一面。

大脑两半球又可分为四个区域,分别为:额叶,负责计划、组织、运动和言语表达,它的功能包括情绪反应、推理、判断和随意运动;顶叶,主要负责接受痛、痒、冷、热等感知和各种感知觉的联合;枕叶则是视觉中心,负责视觉信息的处理;颞叶是听、讲和记忆中心。大脑皮层接受各种感觉的信息,并将大脑的命令传送给身体各部。

2.脑干:脑干位于大脑与脊髓之间,它的重要性仅次于大脑,控制生命的基本功能,如呼吸、心跳等。在脑干中央有一细胞团块,称为网状结构,它随时接受上百万的信息,按其重要性分析,作出判断。其下的脑桥,对传入大脑的资料加以分类,决定信息应由大脑哪一部位进行处理。

3. 小脑:大小如杏子,掌控人体保持平衡,对运动器官作出协调反应。小脑在感觉感知、协调性和运动控制中扮演重要角色,就像一个调节器,来调节运动的准确性,协调性和连贯性。例如,人喝醉酒时,走路会晃晃悠悠,就是因为酒精麻痹了小脑。

小脑的主要功能是运动控制。不过,现代生物医学研究表明,小脑在认知功能、注意力和语言处理、音乐处理以及时间控制方面也有重要作用。

4. 边缘系统:人的情绪反应由此部位掌控。受到惊吓会尖叫,跳起来;听到悲伤消息会流泪;遇事受窘,面颊自然潮红。边缘系统不同部位亦各司其职。

(1)丘脑:在大脑底部,犹如筛选员,将外界传入信息,先分类再传入大脑,让大脑进一步处理。当一个冷的物体接触身体,丘脑将此温觉传入大脑,唯有大脑可分辨此冷的物体接触到人体何部位,是何物。丘脑除了温度与触觉,对压力与疼痛亦可分辨。丘脑还具有记忆功能。

(2)下丘脑:位于脑中部。调节体温、食欲、口渴感,并控制掌管内分泌腺的脑垂体,亦调控情绪反应,如发怒、欢愉、痛苦等。

(3)海马回:位于大脑内,状如马蹄铁。其任务为帮助学习与记忆。它接受丘脑获得的感觉信息,接受下丘脑得到的情绪信息,建立短时记忆。

(4)基底结:位于大脑底部的神经元团块,其功能除掌控已学会动作,如行走外,通过其生产多巴胺的黑质与大脑额叶相连。基底结中还有如豆大的细胞团,左右大脑半球都各有一粒,与情绪有关,可唤起过去情绪事件的回忆,同时亦如一个警报中心,当感到周围有危险出现时,会将信息接通大脑的有关区域,通过协调引起一连串的生理反应。

5. 神经元:大脑依靠整个神经系统发挥作用,其基础为神经元。神经元担任了信息传递的重要角色,不同神经元依靠各自突触进行联系,可以释放信息,也可以接收信息。信息输送的动力依赖于神经元内脉冲的电位差。神经元释放的信息为化学物质,称为神经递质。

神经元的轴外有一层白色脂肪样物质覆盖,此称为髓鞘质,神经元愈活跃,覆盖的髓鞘质愈多,信息的传递就愈快。一个神经元释放的信息,必须在接收信息的另一神经元突触处于兴奋状态下,信息才可通过。如信息被接受,接受方神经元的膜会发生化学改变,使信息借着神经细胞轴电位差的改变而传递。

神经元寿命比人体其他部位细胞寿命要长,它依靠谬质细胞生存。谬质细胞提供神经元的营养,运送死亡细胞的废物,保护神经元不受毒素伤害,大约每一个神经细胞元有 10 个谬质细胞为它服务。

科学研究表明:人的大脑具有极强的可塑性,通过对大脑部位的刺激和训练,能激发脑细胞活力,促进脑细胞的生长发育和神经信息的传递,可以使大脑思维更加活跃,激发大脑潜能。

二、左脑与右脑的差异

人类的大脑由大脑纵裂分成左、右两个大脑半球,他们在不同的智力区域有不同的作用。

美国罗杰·斯佩里教授通过割裂脑实验,证实了大脑不对称性的"左右脑分工理论",并因此荣获 1981 年度的诺贝尔医学生理学奖。

罗杰·斯佩里教授认为正常人的大脑两半球之间由胼胝体连接沟通,构成一个完整的统一体。在正常的情况下,大脑是作为一个整体来工作的,来自外界的信息,经胼胝体传递,左、右两个半球的信息可在瞬间进行交流(以每秒 10 亿位元的速度彼此交流),人的每一种活动都是两半球信息交换和综合的结果。

大脑两半球在机能上有分工,左半球感受并控制右边的身体,右半球感受并控制左边的身体。左脑主要负责语言、分析、推理、计算、理解和判断,对文字、符号具有识别的能力;其思维方式以抽象思维和逻辑思维为主,具有连续性、延续性和分析性等特点。通常被称为逻辑脑、语言脑、理性脑和学术脑。

右脑主要负责心像、直觉、灵感、想象等能力的产生,对图形的识别和对感情的控制等,对音乐、艺术具有特别的鉴赏力;其思维方式以形象思维和直觉思维为主,具有无序性、跳跃性和直觉性等特点;通常被称为心像脑、创造脑、感性脑和艺术脑。

综观左右脑的主要机能与思维方式,左右脑的能力是无法相互替代的,左脑善于对某一事物进行严密的推理。深入的分析,是人一切理性活动的基础;而右脑善于展开空间的想象,依靠直觉思维产生许多创造性的想法,右脑对于人的想象与创造活动具有左脑无法比拟的优势。

尽管右脑理论最早起源于西方,但日本是右脑教育最发达的国家,近几十年来涌现了许多优秀的右脑教育专家,七田真博士是杰出的代表,他 40 多年来致力于倡导和实践右脑教育的研究、开发和推广。目前日本有 400 多所学校采用七田真教学法。他的教育理论还远播美国、中国和东南亚等地,在国际上产生了广泛影响。

关于左脑与右脑的其他差异,七田真则主要是从"信息记忆容量"和"信息处理速度"两个方面来分析和阐述的。

(1)在"信息记忆容量"方面,左脑对进来的信息话语有意识地进行记忆,因此它的记忆容量是有限度的;右脑则对进来的信息心像化(图形化),无意识地进行记忆,所以它的记忆容量没有限度。

上述结论的根据在于:通过左脑的记忆很快遗忘,与记忆相比遗忘的速度更快,这是因为左脑的记忆容量有限,不遗忘就不能记忆新的信息。与此相对应,右脑中存在的记忆不但不会忘记,必要时随时都可以再现。这是因为右脑的记忆容量没有限度,并且可以对信息进行图形化记忆。

(2)在"信息处理速度"方面,进入左脑的信息需语言化处理,所以需要花费时间;而进入右脑的信息是图形化处理,瞬间就可以完成。

同时,七田真及许多日本右脑教育专家认为右脑包揽着人生活所必需的最重要的本能和自律神经系统的功能,以及道德、伦理观念乃至宇宙规律等人类所获得的全部信息。比如,刚出生的婴儿如果左脑出现障碍,可以照常吃母亲的奶,如果右脑出现障碍,就不能吃奶。意识行为的本能属于右脑的功能范畴。这就说明了右脑天生存在着生存所必需的最佳信息,是人类先天的记忆宝库,而左脑不断储存着后天所获得的各种信息,成为经验和知识的记忆宝库。

关于左右脑的差异,日本右脑开发专家医学博士也认为:左脑最大的特征是拥有语言中枢,而右脑在感觉领域大显身手,鉴赏绘画、欣赏音乐、凭直觉观察事物、综观全局、把握整体。

三、左右脑协同工作

左右脑在生理机能上有分工,但在大脑工作时必须有协作,这是大脑工作的基本规律。

在任何时候左右脑都是协调工作的。比如你手拿着一个苹果,咬了一口。看似简单的动作,脑中却已经进行了相当复杂的处理程序:眼睛看到了苹果的形状、颜色,鼻子嗅到了苹果的气味,手触摸到了苹果的温度及重量,接着咬下苹果时,舌头上的味蕾分辨出了苹果的味道,在以上的感觉器官分析出结果传输到左脑时,此时左脑开始运作,回溯到以往所学习过关于苹果的记忆,判断出口中所咬的是苹果,于是才放心地开始吃。这一个简单的过程就需要左右脑的协调才能完成。

麦克·马纳斯说得好:"无论怎样分开谈论左右半脑,它们实际上都是协作的,大脑作为一个运行平稳、唯一的联合体,是完整统一的。左半脑知道怎样处理逻辑,右半脑了解世界。两者结合在一起,人类就有了强有力的思考能力。只用任何一个半脑的结果将是古怪可笑的。"右脑开发的目的是为了充分发挥右脑的优势,并不是以右脑思维代替左脑思维,而是更好地将左右脑结合起来,进行人类左右脑的第二次协同,充分调动起人脑的潜能。

斯佩里的研究表明,人的大脑两半球存在着机能上的分工,对于大多数人来说,左半球是处理语言信息的"优势半球",它还能完成那些复杂、连续、有分析的活动,以及熟练地进行数学计算。右半球虽然是"非优势的",但是它掌管空间知觉的能力,对非语言性的视觉图像的感知和分析比左半球占优势。有研究表明,音乐和艺术能力以及情绪反应等与右半球有更大的关系。对于正常人来说,大脑左右两半球的功能是均衡和协调发展的,既各司其职又密切配合,二者相辅相成,构成一个统一的控制系统。若没有左脑功能的开发,右脑功能也不可能完全开发,反之亦然。无论是左脑开发,还是右脑开发,最终目的是促进左右脑的均衡和协调发展,从整体上开发大脑。

脑科学家奥恩斯坦也发现,如果对两"半球"中的"未开垦处"给予刺激,激发它积极配合另一"半球"的作用,结果大脑的总能力和效率会成倍地提高。一个"半脑"加另一个"半脑"不等于一倍的效益,因为这不能按照常规数学进行运算。用一个"半脑"发挥作用并加到另一个"半脑"上时,产生的效果常常是提高 5～10 倍。所以开发右脑就是要通过调动右脑的功能,增强左脑的功能,从而提升全脑的功能。

可见,如果我们的大脑左右两个半球都能够得到充分的开发和利用,使用全脑思维,那么我们一定能够获得超强的能力。

但是,我们人类虽然拥有完整的"全脑"——左右脑,但仅使用了大脑的半边,特别是多以左脑为主,而右半边的大脑几乎闲置。为什么会这样呢?这跟我们的教育密切相关。

美国加州理工学院的根博士认为:"现今的学校教育从事的只是针对左右脑中的一个半球体(左脑)的教育,剩下的一半就任其搁置。这使得具有能达到高水平可能性的人脑闲置,如同不让他去学校学习一样。"美国的盖洛普民意调查研究所盖洛普所长也认为:"现今的教育是以灌输知识为主要目标,这种教育对孩子们所具有的智力开发很少起作用,今后应该直接开发大脑,把发掘自身具有的潜在能力作为教育的目标。"

这两人共同指出的事实是,迄今为止的教育是左脑教育,没有进行右脑的培养。也就是说,我们目前接受的教育只重视左脑而忽视了右脑,而右脑的教育也是很重要的。

魔力悄悄话

我们要认识左右脑的分工,是为了进一步认识右脑的功能,改变人们惯用左脑的习惯,使人们更富有想象力和创造性。但是,不能把左右脑对立起来。神经学家认为两个半脑对我们如何行为、理解世界分别起着不同的作用,对我们个人和职业生活有着指导意义。

四、大脑潜能开发的关键在右脑

人脑中有 2000 亿个脑细胞,可储存 1000 亿条信息。思想每小时游走 100 多里,拥有超 100 兆的交错线路,平均每 24 小时能产生 4000 种思想,是世界上最精密、最灵敏的器官。

研究发现,脑中蕴藏无数待开发的资源,而一般人对脑力的运用不到 5%,剩余待开发的部分是脑力与潜能表现优劣与否的关键。

从左右脑分工理论我们知道,左脑控制语言,也就是用语言来处理信息,把进入脑内看到、听到、触到、嗅到及品尝到(左脑五感)的信息转换成语言来传达,相当费时。左脑主要控制着知识、判断、思考等,和显意识有密切的关系。

右脑控制着自律神经与宇宙波动共振等,和潜意识有关。右脑是将收到的信息以图像处理,瞬间即可处理完毕,因此能够把大量的信息一并处理(心算、速读等即为右脑处理信息的表现方式)。

一般情况下右脑的机能受到左脑理性的控制与压抑,因此很难发挥即有的潜在本能。然而懂得活用右脑的人,听音就可以辨色,或者浮现图像、闻到味道等。心理学家称这种情形为"共感",这就是右脑的潜能。

如果是左脑的话,无论你是如何的绞尽脑汁,都有它的极限。但是右脑的记忆力只要和思考力一结合,就能够和不靠语言的前语言性纯粹思考、图像思考连结而独创性的构想就会神奇般的被引发出来。

让右脑大量记忆,出创造性的信息。也就是说,右脑具有自主性,能够发挥独自的想象力、思考,把创意图像化,同时具有作为一个故事述说者的卓越功能。因此说,大脑潜能开发的关键在右脑潜能的开发。

第二章
探索记忆的奥秘

死记硬背一贯是有害的，而在少年期和青年期则尤其不可容忍。在这些年龄期，死记硬背会造成一种幼稚病——它会使成年人停留在幼稚阶段，使他们智力迟钝，阻碍才能和爱好的形成。就其实质来说，这就是把教小孩子时特用的那些方法和方式，搬用到少年和青年的身上来。这样做的结果，就是青少年的智慧尚处于幼稚阶段，却又企图让他们掌握严肃的科学知识。这样就使知识脱离生活实践，使智力活动和社会活动的领域受到局限。

一、记忆是怎么回事

记忆的关键在于能否再认、回忆和复做。例如,解答一道选择题,当看完题目之后,答案还没有在头脑中出现,但一看供选择的答案,立刻认出其中有一个是该题的答案。这种感知过的事物出现在眼前时,能够认识它们的现象就叫"再认"。至于经历过的事物不在眼前,也无人提示,但能独立地再现出这一事物的印象,这种现象叫"回忆"。这种情况在学习中比比皆是,如背诵课文,记单词,写化学方程式,使用公式解题,等等。学过的动作,在需要时能准确地重复做出来,叫作"复做"。

根据记忆持续时间的长短和工作方式,可以把记忆分为3种。

1. 感觉记忆。每一种感觉记忆都会将感觉刺激的物理表征保持几秒钟或更短的时间,如同电影中的动作本来是间断的,却给人一种连续的感觉,这是由于感觉记忆的原因。前一个动作在我们头脑中还没有消失,后一个动作已经出现了,所以动作看上去是连续的。感觉记忆的内容,如果没有加以注意很快就会消失,如果受到注意,就转入短时记忆。

2. 短时记忆和工作记忆。青少年朋友们可能早已意识到某些记忆只能保存很短的时间,例如,给同学打电话时从号码簿上查到电话号码,电话还没接通,号码已记不起来了。研究者把这种记忆类型称为短时记忆。一般短时记忆持续的时间不超过 1 分钟。短时记忆所能记住的内容(或称短时记忆的容量)为 7 ± 2。这就是说,短时记忆的容量有时为 5,最多不超过 9,大都在 7 左右。这些数字不是简单的数学数字,而是指信息"组块"或单元。如 906547682315 这几个数字,读完后如果立即回忆,那必定难以进行,因为它超过了短时记忆的容量。但如果我们把它断开来读"9065 – 4768 – 2315",回忆起来就比较容易,因为它包括了三个信息"组块"。这对我们阅读和学习英语听力都很有启示,在阅读或听外语时,如果能以语意群为信息单位,就可提高我们读和听的速度和记忆效果,便于对内容的理解。关于短时记忆,研究者们把它包含到"工作记忆"这个更宽泛的概念里,当你的短时记忆过程把号码保存在头脑中时,你的工作记忆使你能够执行一定的心理操作来完成有效的搜寻,也就是立即找纸笔把号码记录下来的情形。短时记忆和工作记忆都是可以意识到的,当短时记忆的内容得到复述,就转入长时记忆。

3. 长时记忆。这是个关于"记忆到底能持续多久"的问题,信息保持超过1分钟,直至几年甚至更长时间的记忆,就是长时记忆。

长时记忆中的内容,我们并不是时时刻刻都能意识到的,只有当这些内容从长时记忆转变成短时记忆时,才能被意识到,或者说回忆起来。我们对过去事物的回忆,都是以短时记忆的形式出现的。长时记忆的容量,如果进行足够的复习,从理论上讲,是没有界限的。另外,长时记忆的内容,有时可能受到干扰,想不起来,但以后还能恢复。如我们一时想不起过去曾见过的某个公式或单词,过一段时间,又能想起来,而短时记忆中的信息一旦受到干扰,也就消失了。

记忆力的好坏,往往是学业、事业成功与否的关键。古希腊的思想家亚里士多德就曾经说过"记忆是智慧之母"。他曾为了他的学生亚历山大记忆力的提高下过一番苦功,因而帮助亚历山大开创了历史上第一个横跨欧、亚、非的大帝国;所以记忆力是可以通过不断学习不断提高的。

二、增强记忆要学会忘记

很多青少年都会抱怨以前学过的许多知识、背过的课文、做过的习题，乃至日常生活中所经历的不少人与事，现在都记不起来了。其实，青少年完全不必为此烦恼，发生这种事并不代表你的记忆力差或者记忆效率低下。一方面，艾滨浩斯已经告诉我们遗忘是有规律的，另一方面心理学上有一个术语，叫作"假性健忘"。比如你听完了一节课，对老师讲的内容记得不清楚，反而对老师时常穿插的小故事记得很清楚。显然，这并不是你记忆本身的问题。

比如，有的人只需要某个列车时刻，却把整个车的运行表都记住了。这不但加重了大脑的负担，时间长了还会变得神经衰弱。要想"好记性"，一定要记住如下的秘诀：没必要记住的东西就彻底地忘掉好了。

爱因斯坦就非常重视有效遗忘这一重要的记忆策略，就像他自己所说的："你们问我声音的速度是多少，现在我很难告诉你们正确答案，必须查一查词典，我才能回答。因为我从来不记在词典中已经有的东西，我的记忆力是用来记书本上还没有的东西。"

据说爱因斯坦在美国居住了许多年后，竟然连自己住所的街道号码也说不出来，出门返回时甚至找不到家。

发明大王爱迪生记忆力超人，但他的忘性也非常大，还因此闹出了不少笑话。

在他和玛丽小姐的婚礼上，他突然想起了百思不得其解的自动电报机的问题，于是婚礼还没结束，就一头钻进实验室，抛下了新娘和众多宾客。直到晚上 12：00，他做完实验，才想起还没有陪客人一起吃饭。

遗忘的真正原因在于大脑自觉记忆保存信息的能力有限。遗忘可使人脑能够把信息从自觉记忆中转移到潜记忆里去，从而腾出地方来接受那些不断进入脑子的、极其需要而又随时都可能要再现的信息。这样，人脑就能够积存大量的信息而不使自觉记忆负担过重。

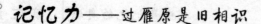

记忆力——过雁原是旧相识

如果我们学会了自觉地运用遗忘机制，就能大大提高记忆的效率。我们应当抛弃对遗忘的恐惧心理和成见，换上这样一种思想，即：正确地运用遗忘机制等于记起了一半。

俗话说"有得必有失"，记忆重点与遗忘琐碎也是同样的道理。如果一个人不分主次，将芝麻绿豆大的小事，以及那些消极情绪，不快的体验，通通都保存在脑海里，恐怕新的知识信息，以及那些积极有意义的事物就难以进入大脑，那就大大阻碍了记忆。

三、影响记忆力的因素

记忆力的好坏受许多因素的影响,这些因素包括生理的、精神的以及外界的。

1. 影响记忆力的生理因素

科学家研究表明,影响记忆力的生理因素主要有健康、性别和年龄 3 种因素。

(1)健康因素。身体与心灵是运作一致、相互影响的。如果身体不舒服,人的情绪就会受到负面影响,并会影响记忆;反之,要是人身体健康,体内一切平衡,人就会觉得心情比较好。一般来说,只要他对生命相当乐观,充满激情与活力,他的记忆容量就会不断地增加。

睡眠也是影响健康和记忆的一个重要原因,人的一生有1/3 的时间是用来睡眠的,睡眠是人类不可缺少的生理需求。

美国心理学家詹金斯在研究人的睡眠实验中发现,人们在学习后马上睡眠能促进记忆。一个人学习 1 小时后睡眠,遗忘率为33%,如果坚持 8 小时不睡,遗忘率达40%;如果长期睡眠不足,其遗忘率就达80%以上。

(2)性别和年龄因素。人的生理发展和记忆力发展,都是有一定特征的,表现出一定的差异性。不但有年龄方面的特征和差异,也有性别方面的特征和差异。

美国心理学家得出的结论是,女性在语言表达、短时记忆方面优于男性。而男性在空间知觉、分析综合能力,以及实验的观察、推理和历史知识的掌握方面优于女性。

一般地说,女性擅长于强记,男性则倾向于找出某些规律,而后加以归纳记忆。女性能记住那些与自己无关的相互没有联系的事,而男性则容易记住那些与自己有关的或相互有联系的事情。

从幼年到青年这一段时间,脑的发展最快,因而,这一阶段应该是一生中记忆力最佳的时期。

研究证明:假定18－35岁的人,其记忆成绩为100,那么35－60岁的人,其记忆的平均成绩为80－85。

2.影响记忆力的精神因素

在影响记忆力的因素中,精神也是一个十分重要的因素,它甚至比生理因素更重要。影响记忆力的精神因素主要包括压力因素和情绪因素两种类型。

(1)压力因素。在我们的生活中,每个人都会有些压力,更何况人除了是一种能"思考的动物"之外,还是一种"感情的动物"。

假设你在回家途中突然被歹徒持刀抢劫,而且身上值钱的东西被抢走了,那么当你去报案时,你觉得自己能正确描述犯人的长相和特征吗? 大体说来,受害者当时的注意力都在那把凶器上,根本不会去观察其他的事情。也就是说,巨大的压力使得受害者仔细记住对方的能力降低了。

少量压力比没有任何压力更能发挥正面作用。考试压力过大固然不好,但是完全不放在心上也一样不是好事,因为如此一来可能会导致成绩不佳。

记忆也如此,适度的压力可以促进记忆力。所以,千万不可以被压力打败,要巧妙地避开压力或善用压力,使其成为成功的跳板,这种观念非常重要。

(2)情绪因素。心理学家们指出,情绪会对人的记忆产生重大的影响。过度紧张的情绪会抑制人的记忆力,而使人们的实际能力得不到最大限度地临场发挥。良好的情绪则能使人看到自己的力量,并充满自信,这对记忆是非常有利的;不良的情绪,在一定情况下能削弱记忆活动,降低记忆效果。

人们要从记忆深处回忆某一事物,常常取决于回忆者的心情是否与这一事物发生时的心情相一致。

3. 影响记忆的外界因素

丹海姆·哈尔曼博士提出,有一种叫自由基的物质,可能是导致人体器官衰退的主要因素。它能异化脱氧核糖核酸(DNA),通过脱氧对大脑产生损伤,使神经细胞窒息而死亡,导致许多衰老迹象,如记忆力下降、关节炎、白内障、动脉硬化、癌症及卒中。

(1)环境污染使得自由基到处可见:如 X 线、微波、核辐射、有毒重金属(如在民用水中发现的铝、镉)、烟雾、食物化学添加剂、香烟产生的烟、汽车废气、氢化处理植物油和人造不饱和脂肪代用品,比如人造奶油、催化加氧植物油、不含乳制品的奶油、多数瓶装沙拉调料以及质量低劣的食用油。

人一旦吃进这样的产品(加工过的食品、饭店及快餐店食品),它们就在人体中形成自由基。用这样的油高温加工食品(油炸食品如炸薯条),会使其氧化速度加快,释放更多的自由基。而大部分自由基都会进入大脑,大脑是人体最容易受到自由基攻击的部位。

因此,改掉不良饮食习惯,抵制由于污染带来的对大脑的损害,是需要我们特别关注的。

(2)我们日常环境中的电磁污染都可引起思维混乱、记忆模糊、抑郁和脑功能受损,如空调、电视、电脑产生的辐射。美国科学家测试发现,当向被试者释放一种普通家电的微弱电磁场时,他们的短时记忆下降了。测试表明,低频电磁场可引起多动症和干扰睡眠习惯,损害记忆和逻辑思维。来自电视广播发射塔、高压电线、机场、雷达、家电的辐射,会产生电子烟雾,可影响记忆,导致学习能力降低、大脑和行为混乱,甚至造成抑郁症。

其实,人与人之间的智商相差并不大,成绩的好坏很大程度上取决于记忆力的好坏。只要您稍加留意,就不难发现,良好的记忆力是每个成绩优秀学生的必备特质。

四、每个人都有独特的记忆素质

我们从古往今来的人们身上来分析他们的记忆素质,以便更好地理解什么是不同的记忆素质。

1.擅长听觉记忆的人:唐太宗有一次让宫女罗黑黑隔帷偷听一位西域琵琶名手演奏名曲,随即让她复弹,她竟能演奏得几乎分毫不差,使得那琵琶名手大为震惊;日本飞鸟时代(公元 593 - 710 年)的圣德太子,能同时倾听十几个人的申诉,并能对每个人提出的问题作出恰当的判断和回答。

擅长听觉记忆的人,语音记忆能力特别好,学艺术,特别是学唱歌,是非常适宜的。但是,这种人对图形符号的记忆能力却比较差,阅读时的记忆效果自然也差。

2.擅长视觉记忆的人:唐朝的吴道子,在天宝年间应唐明皇之召,去考察四川嘉陵江的景致。回京复旨时,唐明皇要看他的画稿,他说:"我没有勾画稿子,都记在心里了。"后来,吴道子仅用一天时间就把嘉陵江三百余里的风景活现在画稿上了。

俄国作家契诃夫只要见过一个人一次,就能永远记住这个人的特征,还善于用寥寥数笔把这个人勾画出来。

擅长视觉记忆的人,对图形符号的识记能力特别强,有少数人经过训练,有可能达到"过目不忘"的境界,这种人行阅读的效果是非常好的。

3.擅长嗅觉记忆的人:19 世纪法国的小说家左拉,具有超常的嗅觉。他对各式的花朵及食品,都能一嗅而正确地分辨出它们的香味来。

4.擅长记忆动作姿势的人:在中国,唐朝的王维有一次在洛阳城里看到一幅《按乐图》,画的是一个乐队在演奏,他仔细观察了一阵子,然后微笑着对旁人说:"这幅画描绘的,恰好是《霓裳羽衣曲》演奏到的第三叠第一拍。"大家听了以后既诧异又不相信,都说:"你怎么知道? 这是骗我们的吧?"于是王维请来了一队乐工,叫乐工们演奏《霓裳羽衣曲》。当乐工们演奏到第三叠第一拍时,乐工们的手指、嘴唇在乐器上的位置以及动作和姿势,刚好跟画上描绘的一模一样。大家都信服了。

总之,青少年朋友在记忆时,应该根据自己的记忆素质进行针对性的训练。

明确记忆目标,不是一个记忆技巧问题,而是人的记忆动机、态度、意志的问题。在强大的动机支配下,用认真的态度和坚强的意志记忆,这就是明确记忆目标的实质。青少年懂得记忆后,便会对记忆产生积极的态度。

第三章
好记忆力助你成功

　　自古以来，惊人的记忆力就是取得成功和获得幸福的重要因素之一。当代教育学家爱斯鸠鲁曾经说过："记忆是智慧之源。"

　　记忆是人们对经验的识记、保持和应用的过程。从信息论和控制论的观点来看，它是人脑对信息的选择、编码、储存和提取的过程。就记忆的本质而言，记忆是人脑对经历过的事物的反映。这种反映是通过识记、保持、再现或再认等方式进行的。这种反映是一个复杂的心理过程。通过这个心理过程。人们可以在头脑中不断地积累和保持个体经验。

一、成功人士的强项

记忆力的强弱,对一个人的人生发展有着重要的影响。古今中外,很多成功的人都具有在某一方面超常的记忆力,他们把这种非凡记忆力看作是个人的一种财富以及事业成功的保障。

某投资大王、亿万富豪曾说:"记忆好,并不一定会让你成功;但记忆不好,甚至是个糊涂虫,就一定不会成功,反而会失败得很难看。"而在我们生活中,也有人常常会因为"忘记了"而导致失败,感到苦恼。其实记忆力跟其他智力活动一样,都可以经过后天的积极训练得到提高。

古代部族的酋长和祈祷师,拥有很高的权力和智慧。因为他们运用自己超强的记忆力详细地记住了祖先的遗训,才获得了整个部族的尊敬。祖先遗留下来的智慧和经验使得他们在碰到各种灾难的时候,能够告知全体部族的人们适当的方法。对灾难加以处置,保护整个部族的人不受伤害。

世界上有许多不同派别的宗教。这些宗教都有自己的教主。他们学问超群,通晓各种事物,对事物也有深入思考的能力,在众人看来简直神乎其神。因此他们获得了众人的信赖,成为众人推崇的领袖。他们能够如此神通的原因之一,也是他们拥有了比常人超群的记忆力。

关于拿破仑,也流传着不少记忆力的逸事。传说他能记住他的军队里每一个士兵的相貌和姓名,对正在进行战斗的军队的移动位置,比其他任何人都清楚。他能准确地记住设置在法国海岸的大炮种类和位置,从而纠正了部下报告中的错误,使部下大为惊奇。此外,法国前邮政大臣也讲述过拿破仑能准确记住邮件的路线和距离的事,像这种零零碎碎的小事连邮政大臣自己恐怕也不知道。

在中国,同样不乏记忆的天才人物。比如我国东汉有一位名叫贾逵的人,他直到 5 岁还不会开口说话。有一次,他的姐姐听到隔壁的私塾传来琅琅的读书声,就抱着贾逵隔着篱笆倾听。之后贾逵每天都专心地听着,他的姐姐看了也非常高兴。到贾逵 10 岁时,有一次。他的姐姐听到他正在暗诵五经，就问他说："我们家这么穷，也没有为你请过老师，你怎么晓得天下有三坟五典(失传的古书名)，而且都会背诵呢?"贾逵回答说："记得以前姐姐你抱我到篱笆边，听隔壁的人读书，那时候我把它们全部记下来了，再反复地背诵，都不会有任何遗漏。"他还将庭院里的桑树皮剥下来，裁成薄片，边诵边写。经过一年的时间，他已通晓五经及其他史书。

贾逵谙诵五经的事传为美谈，有许多人不远千里而来拜他为师，甚至有人背着儿子来求学，也有人在他家附近租房子住。当时学生赠给他的礼物，堆满他家的屋子。而贾逵都是用嘴巴来传授他们，因此，后人称他的讲学方式为"舌耕"。

古今中外。有超群的记忆力的名家是很多的。美国的约翰·D·洛克菲勒、安德烈·卡奈基、阿布拉罕·林肯，英国的温斯顿·丘吉尔，哲学家米尔，日本的实业家五岛庆太、小林一三等，据说他们的记忆力都很过人。然而他们之所以记忆超群，主要也是暗中训练的结果。何况我们只是普通人，更应付出加倍的努力才行。

记忆对于人类的生存和发展确实具有决定意义。没有对过去知识、经验的积累。我们今天的任何举止都将是盲目的、浑浑噩噩的，失去了自觉的能动性。不要说向后代传授知识，就连生活也难自理，即使活下来，也没有任何情感，这种生命的存在也就失去了意义。

二、记忆的好坏是事业成败的关键

美国的记忆研究学家瑞尔巴克曾说:"一个人如果从同一起点出发而领先于人,进而到达事业的最高峰,主要取决于我们记忆力的好坏。"

瑞尔巴克这句话的意思其实很简单,比如说一个商人,记忆的作用非常明显:首先,他必须尽快记住各家批发商及常用顾客的名字及其有关情况;其次,他应尽快记住每一种商品的购进与卖出价格;再者,他还应尽快记住各种数据、资料及其市场行情。因此我们完全可以这样说:记忆就是金钱!

商业活动中。因记忆力差而给业主带来尴尬及巨大损失的事例是屡见不鲜的。王先生从商已有数载。却一直打不开局面。主要原因就是他的记忆力不好。由于记不住各种数据资料。他在能够展露自己才能的公开场所都有点怯场,所以每次订销会上,他都必须派秘书出面。后来。在朋友的建议下。他翻阅了许多关于记忆技巧方面的书籍,并在朋友的指导下反复进行实践。后来竟能在一些大的商会上主持大局了,生意额也从此直线上升。比过去增长了数十倍。

上面讲的是经营者的事例,下面再来看看普通职员与记忆打交道时的事例吧。假如这里有两个女服务员,一个记忆力很好,另一个记忆力一般。两人相比。前者无疑占据着绝对的优势。记忆力好的服务员就能熟记顾客长相,并且能很快叫出顾客的姓名。许多人一生奋斗都是为了成功出名,所以人对姓名的爱犹如爱自己的生命,所以记住顾客的姓名是非常重要的。叫出对方姓名是缩短推销员与客户距离最简单最迅速的方法,再通过适当的沟通,就可在自己和顾客之间建立起彼此良好的"关系"。一个有经验的推销员都懂得。这种"关系"在引导消费、推销产品过程中起着不可低估的作用。其次。她能记住许多商品的性能、价格及厂家等有关情况。随时可以为顾客提供有关商品的咨询服务,有问必答。详尽全面。从而给顾客留下很好的产品印象。而记忆力一般的服务员就要依靠客户卡,把客户的一切资料都记录在卡片上,那样就大大地降低了工作效率,也很难赢得顾客的

记忆力——过雁原是旧相识

欢心。

众所周知，一名优秀律师必须具备很好的记忆力，他除了必须将法律条文以及与此相关的所有细节熟记于心外，还必须记住与此案相近的各种案例，这样，才能够随时随地地引经据典，使自己立于不败之地。

在法庭辩论中，律师的记忆力是否出众相当重要。比如，在美国有一位律师，他就是凭借着自己惊人的记忆力一举扭转了辩论中的被动局面，使蒙冤的被告免受牢狱之苦。

事情是这样的，在他所受理的案例开庭不久，原告的证人陈述了证词，气氛顿时紧张起来，旁听者多用鄙夷的目光审视着被告，甚至法官与陪审团成员也都紧锁着眉头。但此时，这位辩护律师却镇静异常。他觉得证人的证词颇为可疑，于是，以平和的语气要求证人多次复述证词。当证人数次复述后，法官和陪审团也终于明白了其中的奥秘：原来，证词是事先编排、背诵下来的。证人的每一次复述都分毫不差。而律师早已用他惊人的记忆力将证词一字不漏地默记了下来，从中发现了疑点。挽救了被告。

可见，记忆力的好坏在某种程度上决定了我们事业的成败。

据统计：100位科学家中，只有一位记忆力较差。100位演说家中，只有三位记忆力较差。100位成功商人中，只有四位记忆力较差。而100位普通职员中，却有79位记忆力较差。由此可以推断：良好的记忆力是成功的关键。

三、记忆的好坏是学业优劣的基础

记忆力的好坏对于学生考试成绩的提高起到了关键的作用。下面就是一个典型的例子:河南省一所中学高三某班有两个学生,他们的基础不分上下,平时也都非常的用功,唯一不同的是一个记忆力好,一个记忆力差,最后记忆力好的那个学生考上赫赫有名的清华大学,而那个记忆力不太好的学生只考了一个普通的二本学校。可见,对于一个学生来说记忆的好坏也就成了学业优劣的基础,同时也决定着自己一生命运。

无论学习考试,都要讲究记忆方法。常见的加深记忆的办法是重复,所谓"重复是记忆之母"即是这个道理。然而一遍遍地重复,一遍遍地遗忘,就使得原本有趣的学习变得痛苦,变得不堪忍受。

为了改变这种无休止的遗忘率极高的复习过程,改变层层加码似的直接理解直接记,开书合书反复作业反复记忆的不良循环;为了使记忆变得分外有效率,优良的记忆方法的学习与掌握是所有考生最为需要的。传授给学生这样的好方法,就如同给予一个长途跋涉、步履蹒跚的旅行者一辆性能极好的代步工具。它对接受者来说,在将来高校学习乃至整个人生的奋斗过程中都将有很大的帮助。

大量需要记忆的东西总是让考生头痛,下面十三种记忆方法也许会对考生有所帮助。

1. 特征记忆法:对于内容相似的知识,通过细致的观察和全面的比较后,找出所要记忆内容中特别容易记住的特征。

2. 回忆记忆法:将学过的内容,经常地、及时地回忆,在回忆过程中加强记忆。

3. 形象记忆法:对于较抽象的内容,可用图、表等形象描绘出来。

4. 讨论记忆法:在学习过程中有不够理解的地方,不妨先提出自己的意见与同学讨论,在讨论过程中正确的东西就比较容易记住。

5. 口诀记忆法:将记忆内容编写成口诀或歌谣,是一种变枯燥为趣味的记忆方法。

6.练习、检测、实验,增强记忆效果。

7.骨架记忆法:先记住大体轮廓,然后逐渐记住每一个细节,由粗到细,进行记忆。

8.对比记忆法:在记忆相类似的事物时,可将两种事物进行对比,找出异同。

9.归类记忆法:把要记忆的内容列出提纲,分门别类整理归纳,然后逐个记忆。

10.重点记忆法:记住整个内容中的公式、定理、结论、基本概念、重要句子等重点,作为记忆的"链条"来联系全部内容。

11.理解记忆法:只有深刻理解了的知识才能牢固地记住它。

12.推理记忆法:利用一个事物引出相近的事物或引出有因果关系的事物来记忆。

13.网络记忆法:如能把所学的各知识点连成线,组成面、编成网络的话,那么各部分知识之间的联系也就清晰可见了。

总之,掌握适合自己的记忆方法,增强记忆力,对提高学习效率和学习成绩很有帮助。

如果记忆的东西能终生受用,那还不算太坏;如果记忆的东西只为考试而用,考后就会因为不再使用而很快遗忘,那就比较难受了。就如《范进中举》中的范进被科举考试折磨了四十多年,浪费了自己的青春年华。

四、记忆是语言能力的保证

当代的心理学家詹姆斯·麦康内曾经说过"语言是人类社会进行知识传播、情感交流以及文明延续的重要工具。"可见,语言能力的表达主要靠大脑对原有的大脑仓库中存储信息的整理、加工和再现。而大脑仓库中信息量的多少又取决于记忆量的多少,于是记忆成为语言能力的保证。

我们每天都要参加辩论或谈判。可能是在谈判桌上,也可能是在饭桌上,更可能是在茶余饭后、课间休息之时。

无论它发生在哪里,无论它发生在何时,也无论它发生的原因和涉及的内容是什么,请记住它在某种意义上来说是竞争,都是一天中决定成功与失败的重要时刻。

那么,如何才能在竞争中获得成功呢?

这就要靠你的记忆力了,记忆力是帮助你赢得竞争的利器。

应付可能出现的紧急情况,其基本前提就是:用事实把自己很好地武装起来。

没有事实作为基础,你是不能要求得到什么好的结果的。

当你要参加辩论或谈判时,不论它们是什么形式,你都必须掌握大量的、丰富的材料来充实你的论点。

如果你尚未掌握有关知识,就应去搜集和学习,尽量广泛阅读有关书籍,并认真地吸收、消化。

如果你对所涉及的内容较为熟悉,那就通过复习来加深记忆。

所有这一切都需要记忆力的密切配合。

我们可以清楚知道如何借由过去的经验来讲话,通常人在沟通的时候都会利用过去的经验与记忆来讲话。但我们却很难在思考的片刻里讲话,因为这个过程是未经设计的,思绪是一闪而过的,但往往却是最真实的。让自己放空,随着对话过程思考,往往会有意想不到的效果。但如果没有我们平时的记忆的积累做基础,这种思绪就不能达到完美的表达。

记忆力——过雁原是旧相识

美国某已故的将军在一次有多名记者出席的记者招待会上，用联想的办法把记者的相貌和他的提问连结在一起，听完了提问汇总之后，他几乎没费什么劲，便不间断地连续讲了40分钟，按顺序回答了每位记者的提问。他之所以能这样从容不迫地回答所有的问题，关键在于他回答之前已把全部问题记在心中并作了整体把握，分其主次，定其先后，所以能如此举重若轻，尽显大将风范。

超强的记忆力对于口才具有很重要的作用，有影响力的人往往不是用枯燥的理论或数据，而是用活生生的事实、寓言，甚至是奇闻逸事来说服他人，确立自己的论点。

第四章 记忆力可以训练提高

　　凡是人们感知过的事物，思考过的问题，体验过的感情以及操作过的动作，都会在人们头脑中留下不同程度的印象，其中一部分作为经验能保留相当长的时间，在一定条件下还能恢复，这就是记忆。古今中外，很多名人学者都很注意用各种方法来锻炼自己的记忆力。比如俄国大文学家托尔斯泰说过："我每天做两种操，一是早操，一是记忆力操，每天早上背书和外语单词，以检查和培养自己的记忆力"。托尔斯泰的"记忆力操"实际上就是反复"复现"。只要你有计划地"复现"，你的记忆力一定会不断增强。因此记忆力是可以通过训练得到提高的。

一、记忆类型

关于记忆,由于问题太复杂,科学家至今只是略知一二。人脑内有数以亿计的神经元(神经细胞),其中许多神经元各有成千上万连接体,用来把信号传送给邻近的神经元。就算是使用最先进的超级电脑,也无法测出到底有多少可能通路。

自 1969 年斯柏林用局部报告法研究了短暂视觉呈现中信息的效用以后,记忆被区分为瞬时记忆、短时记忆和长时记忆,它们分别属于信息的不同加工阶段。其中使认知心理学家最感兴趣的是短时记忆与长时记忆的区分问题。从 20 世纪六十年代以来,心理学家们对短时记忆的容量、编码方式、遗忘原因,由短时记忆向长时记忆转化的条件,以及从长时记忆提取信息的策略等,进行了大量的实验研究,同时,对长时记忆的特点,如:信息容量大,保存时间长等方面的研究与实验,不仅影响到普通心理学和实验心理学的内容,而且影响到教育心理学和临床心理学的发展。固然,上述对记忆的区分与实验有其重要的实践意义和科学的理论依据。但许多科学家仍然认为,记忆实际上有 5 种类型,每一种的持久程度各不相同。

一是符号型。字与符号的意义一旦记住了,常能历久不忘:例如患了早年性痴呆症的人约有半数仍保有大部分的符号记忆。尽管你已经多年没说"唱歌"或"学校教室"这两个词,但你大概不会忘记它的意义:你也不易忘记宗教符号,广告商标,猫与狗的区别。并且,在你有生之年,你们可以不断给自己的符号记忆增添词汇和符号。

二是联想型。许多人大概永远不会忘记怎样骑自行车、游泳和开车。这些技巧都有赖于自动记忆起一连串动作,有条件的反应动作,如口渴了就想找水喝。如果失去了联想记忆是脑子严重退化的明确征兆。

三是间接型。这种记忆并非来自亲身经验。而是多年来个人从学校、杂志、电视、交谈等等收集到的资料。正常人这种记忆似乎会随着年龄增长而减缩,其实可能只是思维顺序上有问题。约翰·霍普金斯大学的神经学家巴利·戈登说:"我们年纪渐长,收集的资料不断增加,必须不时加以整理。"

四是插曲型。这是对新近经验的记忆。如上周与朋友约好的事情,准备去落实,或钥匙放在哪里了等等。这些记忆也随着年龄增长而衰退,不过速度很慢,也许20年后才察觉,到你五十岁时,你发觉年轻同事学习操作新电脑软件比你学得快,难免会感到焦虑。

五是事务性。大多数人的事务记忆是会衰退的,这是种极短暂的记忆,通常只持续几秒钟,它指挥头脑,告诉头脑该记住什么,你和妻子谈话时,事物记忆使你能够一面听妻子说下半句话,一面咀嚼她的上半句话,它也使你能够同时照顾几件事,一面打电话,而且完全不会混乱,一边快速检索收到的是些什么邮件,同时还注意到有位同事在门前走过,许多人的事物记忆在四五十岁就开始衰退。

事实上,我们对记忆的探索和研究不能只停留在几种类型的认识上,记忆的形成也是我们要着重探索的一个方面,不过以下的情况是同行们众所周知的:有个姑且称之为28号的神经原发出一个电信号之后,28号神经元其中一个连接体与29号神经原的接收体接触之处,里面随即发生化学变化,触发29号神经原产生一个电信号,这个信号传送到了30号神经原;再一路传下来。如果28号和29号两种神经原常常互相联系,二者之间的关系就会越来越巩固,这种重要的关系似乎就是构成记忆的要素。

对记忆研究的一个重要方面是建立新的联系,神经原跟人体其他细胞不一样,是不会分裂的。它们会老化,有些会萎缩,或者死亡,或者极为衰弱。不能再传送电信号了。

可是脑子里这时还有许多亿神经原,点燃脑子不能制造新的神经原,原有的神经元却在人到老年仍能长出新的树突,并与其他神经元建立新的联系。伊利诺伊大学的研究员威廉·葛里诺让一些实验鼠每天接触不同的玩具,并经常改变鼠笼中的滑槽和隧道,后来他把鼠脑切开,发现这些鼠比一般同类有较多的神经元树突。

由此可以推测,人脑受到刺激和挑战,可能也会长出较多树突,所以人脑——包括正在逐渐萎缩的——也许能够不断开辟更多"路径"以容纳记忆,假如28号神经元原有的途径不再容易通过,可以替代的路线不能多得近乎无限。关键是必须强迫脑去创造新的通路。

从高智慧的人的习惯,可以找到迫使脑开辟新通路的窍门。"处理的方法对记忆很重要。"哈佛大学心理学教授丹尼尔·沙客特说："才智高的人把资料处理得很透彻"。他们也许会把杂志上一篇讨论记忆力的文章和一本讲人工智慧的书、一出有关战俘幸存者的戏联系在一起。从而建立起神经元公路网,使他们可经由多条通路想起那篇文章,那本书及那出戏。

这也许可以解释何以某些名人记忆力那么惊人,这些人记忆力那么好,是因为他们有过目不忘的本领吗?研究人员理查·莫斯说根本没有这种事。虽有人能够一字不误地背出长串的数字,或复述某次说话,没有人能够像照片那样把收到的资料依照原来样子记下来,一个细节都不漏。每个人的记忆都是选择性的。

通过上述我们充分认识到,经常锻炼可以增强记忆,只要肯努力练习,中等智慧的人可以大幅度增进记忆力。例如,大多数人很难记住多于七位的数字。长内基——梅隆大学的研究员训练一批普通资质的大学生记住100位的数字,那些学生把注意力完全集中于那长串的数字,发现可用某些形式把它们和一些有意义的数字组合——例如生日——联系起来。

许多人记不住别人的名字,而且年纪越大,问题越严重。可是69岁的记忆术教练兼表演者哈里·劳瑞恩能记住现场500位观众的名字。他的技巧是:碰见每一个的时候都留心每一个说话,神态,然后迅速地根据这个人的样子和名字想出个鲜明的形象。

大学生的记忆力可能极佳,这不仅是因为他们的神经元年轻,也因为他们为应付各种考试造就养成了不断发明记忆新法的习惯,可能会有一种记忆丸问世,如该项试验成功,那么,治疗"与年龄有关的记忆力减退"这一症状大为改观,增强记性的期盼这一难题亦将迎刃而解。

新的信息被吸收之后,会随即在海马体(位于脑部中央的海马形器官)里给处理成为记忆,然后储存在脑部各个不同部位——储存的模式有时很古怪,一些天然的事物,如动植物的名称,显然都储存在同一个部位;桌椅机器或其他人造物的名称则储存在另一个部位。

二、测试你的短期记忆力

短期记忆，顾名思义，就是你的大脑简单的记录的一些信息、它也叫活跃记忆。

你必须让他们在你脑海里保持活跃状态，否则用不了多久你就忘了。美国心理学家帕林通过试验证明，人的短期记忆只能保持数秒钟。凡需要长期记忆的东西，可将短期记忆反复记几次，就可以由短期记忆变为长期记忆。

比如说，你在你的通讯录里找一个不常联络的朋友的电话，有8位数，你只能记住几秒，除非你不断地重复，或干脆写下来，或转为长期永久的记忆。可能你先查到了号码，合上电话簿，拨号后听到忙音，当你再想拨时你已经把电话号码忘了，因为你只是暂时记住了。短期记忆是你短时间内集中记忆力所能记下来的东西，它是你的记忆力跨度，记得快同样也忘得快。为了克服遗忘，我们可以不停地重复，就像重复电话号码、英文单词的拼法、一个人的名字、方向等等一样。

这种重复有两个功能：①在短期记忆中将信息保留的时间延长；②帮助你将信息编译，转为长期记忆。短期记忆对我们大多数人来说功能有限，只能记住几件事。

1. 短期记忆长度的衡量

你可以看看你的短期记忆力究竟如何，下面有一些数字，朗读一下，然后合上书，看看能不能将他们重复出来。从5位数开始一直到9位数。不管我们受正式教育的程度如何，通常各个年龄层的人平均只能记下7位数：

56473

789547

6873927

478926329

4951368774

7 位数以后的数字很多人就记不住了,不是忘了前面的,就是丢了后面的。这个小测试说明了短期记忆的遗忘率有多快。如果你等上 10 秒钟再重复这些数字就更想不起来了。

2. 增强短期记忆的有效练习

如何才能提高自己的短期记忆力呢?这个问题的答案就是分块,将一些很长的数字或信息分成几块来记忆。

比如,4951368774 很难记,但如果我们把它分成三块,就会好记得多:495－136－8774。记电话号码也可以用同样的方法,要简单准确地记住像这样一个号码的电话不太容易,但我们可以把它分为三块来记,就会容易得多。

同样的方法可以用来记忆长串的事物,看看下面 9 个互不相关的词:桌子、玫瑰、万寿菊、大象、印度豹、椅子、鱼尾菊、斑马、书柜慢慢地读,然后合上书,看看你能记住多少,多数人平均只能记住 7 个。

然后我们再来把这些事物分成几块,在日常生活中我们管这样的分块叫作分类。

分类后记忆就会容易很多。每一类成了一个整体,而不再是三个不相关的事物。而在每一类中的每一个事物你记起来都会更容易,因为你可以把它们联系起来。

在日常生活中,有许多东西是没有必要长期记忆的。随记随忘的短期记忆正是人脑比电子计算机高明的地方,其好处在于可以排除干扰,减轻大脑的负担,从而可以集中精力记那些必须长期记忆的东西。

三、任何人都能提高记忆力

一般情况下,青少年朋友在学校和从书本上所学到的知识或听到及见到的事物和现象,到后来往往不能完整无缺地回忆出来;前一天和许多人会面的情形或学习的各种知识,到第二天往往也只能想起其中的一部分。所以就有人认为我们头脑的存储容量是有限的,当存入某种程度信息后,超过容量限度的信息,就像水从玻璃杯溢出来那样,不能再被存入大脑中。于是,有人会产生"我脑子笨,简直没有办法呀"等那种认为记忆的量少是理所当然的想法。

可是,根据美国阿诺欣教授和劳森贝克教授等对记忆量的研究结果可知,我们的大脑几乎能把进来的全部信息存储下来,它具有极其充分的容量。

据劳森贝克教授的计算,让人脑每秒钟都接收 10 个新信息,即使这样继续一生,也还有存储其他事物的余地。人脑是不会出现像"由于饮食过了度,再也吃不进任何东西了"那种情形的。所以我们可以放心地去记忆任何想要记住的事物。

世界上常常出现一些记忆力特别强的人物,这在一定意义上,也证实了"人脑可以存储的信息量是无限的"这一说法。

在舞台上表演记忆术的人之中,竟有人能把平均每隔 2 秒内得到的一个前后没有联系的新信息,全部正确地记住和准确无误地复述出来,并且他还声称,只要掌握了记忆的方法,谁都能够做到这一点。

另外,有一个以"保持完整的记忆"著称的俄国人,关于他那记忆力的优越程度有过如下一个插曲:据说他在讲完了 15 年前某日发生的一件事后,还问道:"需要说出当时的详细时刻吗?"

俄国心理学家亚历山大·鲁利亚教授对他进行了数年的研究,结果发现他的大脑结构和功能与普通人并没有差异,他之所以具有超人的记忆力,原来是由于他在幼年时就自然地掌握了记忆身边发生事情的方法。

把整个脑器官都充分利用起来的人是没有的。普通人在日常生活中所使用的脑力,可以说只占全部脑机能的几十分之一或几百分之一。所谓"记忆法",也只是为了把这几十分之一或几百分之一变成"之二"而已。所以只要有意识地、人为地训练大脑.如果能保持连续,理所当然,是可以防止脑子老化的。

因此对于我们能否提高自己的记忆力这个问题,回答当然是肯定的。任何人的学习和社会实践,积累了丰富的知识和经验,如果把它系统地交织在一起,一定会有很强的记忆力。而一本讨论记忆力的书,也许能帮助记忆力差的人充分发挥自己的记忆才能。

"我必须记住""我能记住",这样相信自己,给自己一个积极的自我暗示是十分重要的。在司汤达的《红与黑》中,当女主人公朱莉安受人之托传送一封长信时,为了防止中途出事,而将全文默记在心。托信的人问她:"你真能完全记住?"她答道:"只要我不怕忘记,就记得住。"看来,强制性和方法对头,就一定会达到预期的目的。

一般地说,增强记忆力的方法有两个组成部分:一是为人提供诀窍,使人能够把学习工作中和社会生活中想记住的一切记住;二是增强人的观察力、想象力和分类的能力,把想记住的都不甚费力地留在脑子里。

四、记忆能力的简单训练法

你的记忆能力有多大？美国麻省理工学院科学家的一份报告说：假设你始终好学不倦，那么，你脑子一生储藏的各种知识，将相当于美国国会图书馆藏书的 50 倍。据说，该图书馆藏书 1000 多万册，也就是说，人的记忆容量相当于 5 亿本书籍的知识总量。还有人估计，全世界图书馆藏书 7.7 亿万册。它们所包括的信息总量共有 4600 万亿比特，这正好和一个人脑所能记忆的信息大体相当。并且，人的记忆可以保持 70 年以上。

1. 增强记忆能力的简单方法

（1）回忆一天的细节。这种增强记忆的锻炼你可以每天在入睡之前进行。如果你能老老实实地坚持一个月内每天晚上都做一次.结果会让你大吃一惊。

上床准备睡觉前，或背靠着枕头坐着,或躺着,但要确保自己在 10—15 分钟之内保持清醒。通过有意识地做几分钟呼吸运动来放松自己。从今天做的最后一件事开始，回忆其最具体的细节。这可能包括让自己舒舒服服地躺在床上,注意自己的呼吸运动。

然后再往前想，回忆就在这之前做的事,也许是爬上床。然后是在这之前的事,也许是刷牙,回忆你的感觉和想法。

想象你的一整天是一盘电影胶片，现在正在倒着放映。就像倒退着走路或说倒话，就与看倒着放的电影一样，假如这样，你是观众（也是回忆者），倒着回顾你一天中的每一时刻。

经过这样慢慢地回顾，你可能会发现，在时间上离现在越近的时刻，其细节的东西记得越多:而一天中早些时候发生的事,其印象最仓促,最短暂。

（2）画地图练习记忆。找一份市内街道图,选取一个小区.画一个圈圈上 10 多条街道,然后观察看图 3 分钟。使用定时器以保证时间的准确。合上图不看。定时 1 分钟。根据记忆重画此图,包括街道名及所在位置。

不断练习直到能在不超过 1 分钟的时间里精确地画出此图。再将市内街道图扩大圈定范围到 20 多条街道,再用 3 分钟观察此图后,合上图不看。定时 1 分钟。根据记忆重画此图,包括街道名及所在位置。

不断练习直到能在不超过 90 秒的时间里精确地画出地图。

(3)永远不会忘记的面孔。每天一次,随意选一件物体,一幅画或一个人,仔细观察 2 分钟。移开视线,画出刚才观察的对象。一天结束时,不看此画,根据记忆再画一张。

注意先后画的图像之间的差异和不同之处。

坚持此方法几周,直到一周结束时能准确在重新画出该周内每天画的图画。

2. 通过音乐获得超级记忆力

当你需要研究和学习某一特别的知识体系,比如外语、备试材料,或任何你希望理解的新的、复杂的东西时,就进行这种锻炼。进行这种锻炼时:一方面你放"巴洛克式"的音乐,使身心放松,不断地放听;同时,另一方面,你需要有人大声向你读出材料,或者事先你自己将声音录制下,或英语文章和单词的光盘来做好准备后,放给自己听。如果你想掌握更多的外语词汇,或者提高母语的遣词造句能力,就可这样提高记忆力。

自古以来人类就在不断地探索自身记忆的奥秘,并希望借此来完善和改造自己,只有了解了记忆的本质,才能够让我们更好找到增强记忆的方法,同时,不断地学习这些方法,我们的记忆才能真正地得到提高。

五、把握记忆三步骤

记下任何东西的第一个步骤都是识记。下课铃声响了,老师在布置课后作业,回家后,你发现你不知道老师到底让做哪些习题。

你忘记了那些作业? 错!

你并没有忘记,而是你根本没记过老师说的话。你听到了老师在讲,但是没有记下,因为当时你只顾着准备下一节课的作业检查。你没有留意,又怎么可能记得住呢?

1. 识记:识记是一种输入形式。如果你因为没有注意而没有输入,即没有将信息存进大脑,那就等于没有记忆的对象。又怎么去记忆呢? 记录你想要记下的东西是十分重要的。要知道,在大多数情况下,我们记不住别人的名字是因为没有注意。

注意力集中是记录的另一种方式。不分散注意力,不要焦虑,心情放松,这些因素都能使你注意力集中。如果你记不住,不要责怪你的记忆,只能怪你做不到注意力集中。

如果你记录下名字、事实、技术,你就得把他们储存下来为将来备用,这种有效的储存就叫保持。比如你星期四晚上有个重要的聚会,你就把这条信息储存下来。你的记忆好比是一个仓库,你把一些事件储存在你的记忆库中,可是想象一下,要在这个仓库中找出那张上面记录你的约会地点和时间的小纸片,何其艰难! 因此我们需要一些设施来帮助我们记忆我们已存储起来的一些信息。所以井井有条的人们总是比没有秩序的人能更好地记忆信息。如果恰好星期四晚上你妈妈要去打保龄球。"我可以等妈妈走后再去聚会。"这样,你通过把约会时间和你妈妈打保龄球联系起来,就很容易地记住了这件事。

2. 记忆的检索:检索记忆是为了找出记忆库中储存的信息。当我们记得一件事,要把它从记忆中搜寻出来时,如果我们的记忆是分门别类,就像我们当初井井有条地储存它们时那样,这个搜寻的过程就会容易得多。

比如,你和你的朋友都很喜欢看的一部电影叫《歌剧魅影》,在你的记忆中,这部电影的名字可能会与歌剧,或是你朋友的名字联系在一起。当你想想起这部电影时,你朋友的名字可能就为你提供了一个很好的线索,这种检索的功能其实和图书管理员通过记忆关键字来查询资料是一个道理。

记忆的保持,可以通过观察、联系和重复来加强。记住一个名词、价格、姓名,回忆一两遍还不能做到很好地保持,必须不断练习、回顾,才能准确记住。有规律地经常运用一些信息也是有效记忆的方法。

六、记忆信息的整理和提取

我们的永久记忆实际上是一个容量无限的记忆库。将信息储存在这个记忆库中的过程就是记忆编译的过程。当我们想记住名字、数字、事实的时候，我们每个人都有各种编译的方法。集中注意，联系别的事物，运用理由，分析，说明，这仅仅是其中的一些。如果你感兴趣，你会格外注意加强你的短期记忆，而后转入永久记忆中。你还会分析细节，把信息与你已经知道的东西相联系。

1. 三种卓有成效的信息整理法

（1）找一个有趣的角度。对你要记住的东西感兴趣至关重要，你不能期望你读到或看到的东西都会自动进入你的记忆。如果你在读书，或在与人交谈，试着找出有趣的角度和事情。你越感兴趣，信息在你的脑中就会粘得越牢固。如果你在读一本很难的书，你也许会突然想起要去买一些很重要的东西。避免这种分散精力的方法是，看书时，在一边放一支笔和一张纸，如果你突然想起别的事情，写在纸上，这样你就不会再去想它，而会重新回到你在读的书上。

（2）添加细节。细节联系也是记忆编译信息的一种方法。比如，有人介绍许凤给你认识，那么你在与她谈话的过程中就会给许凤这个名字加入另外一些信息：她姓许，头发染成了棕色，她戴眼镜，她在北大学法律，她的名是凤，不是枫等等。你联系的细节越多，对这个名字的印象就越深。

（3）联系起你已经知道的东西。我们都经常把新信息与旧信息不自觉地联系起来。比如有人介绍徐凤给你认识，可以把这个人和你已经认识的许凤联系起来。她们有什么相似之处，她们的发型、脸形、身高、声音都有什么不同等等。

2. 如何找出所要的信息

记住一个人的相貌要比记住她的名字容易得多。那是因为名字不如相貌那么好辨认,要想记名字就要用回顾的方法。一个人的相貌会具体得多:鼻子、嘴、脸形等等。认出相貌的方法就是识别。

名字是抽象的。张三、李四这样的名字不能给人视觉上的感受.也不能提供给我们一个画面。你应该从没听人这么说过:"我记得你的名字,可不记得你长什么样儿了。"因此,记住名字比记住面容难,因为记名字需要用回顾的方法,把名字从记忆库中,从成百上千个名字中找出来,而面容辨认出来就可以了。

3. 如何提高回顾和识别的能力

提高回顾和识别的能力有秘密吗?以前有人提出的方法大多都太复杂,多数人都不愿意去做。下面我们列举的几种方法其实就很有效:

(1)告诉你自己你为什么要记住这些事,有什么意义。

(2)联系是十分重要的记忆工具,将新信息与旧信息联系起来。

(3)视觉形象,看见一样东西,你可以想象这个东西的名字就贴在上面。看见一个人就可以想象他(她的)名字做成的卡片。

用这些方法就能提高你回忆和识别的能力。

注意力也会受兴趣的影响,去注意那些让你感兴趣的事。我们的记忆中飘浮着很多零散的信息,他们都在互相竞争,想在短期记忆中占领一席之地。我们短期记忆的储存量很小。如果我们对某条信息不注意,它也许永远不会成为永久记忆。

第五章
记忆潜能的开发利用

　　俗话说，如要记得，先要懂得。在看书或听课时，理解之后在记忆，这样就容易巩固、记住新知识。有人曾做过试验，一篇百字文，理解之后大概用 15-20 分钟就可以把它记住了，如若不是这样，则要花费近一小时，甚至更多的时间。在语文文言文的背诵上可以采取这种方法，首先讲解文章，让学生理解文章的意思，在进行背诵就容易多了。在《为学》的学习中，老师讲完了课之后再要求背诵，半小时的时间，每个班只有三五个学生背不过，这就是很大的进步。

一、检测自己的记忆潜能开发状况

现代心理学研究证明，人脑由 140 亿个左右的神经细胞构成，每个细胞有 1000 万～10000 万个突触，其记忆的容量可以收容一生之中接收到的所有信息。即便如此，在人生命将尽之时，大脑还有记忆其他信息的"空地"。一个正常人头脑的储藏量是美国国会图书馆全部藏书的 50 倍，而此馆藏书量是 1000 万册。

人人都有如此巨大的记忆潜力，而我们却整天以为自己"先天不足"而长吁短叹、怨天尤人，如果你不相信自己有这样的记忆潜力的话，你可以做下面的实验证明。

请准备好钟表、纸、笔，然后记忆下面的一段数字（30 位）和一串词语（要求按照原文顺序），直到能够完全记住为止。写下记忆过程中重复的次数和所花的时间等。4 小时之后，再回忆默写一次（注意：在此之前不能进行任何形式的复习），然后填写这次的重复次数和所花的时间。

数字：109912857246392465702591436807

词语：恐惧马车轮船瀑布熊掌武术监狱日食石油泰山

测出你学习所用的时间、默写出错率、4 小时后默写出错率、重复的次数、此时的时间。现在再按同样的形式记忆下面的两组内容，统计出有关数据，但必须使用提示中的方法来记忆。

数字：187105341279826587663890278643

提示：使用谐音的方法给每个数字确定一个代码字，连成一个故事。故事大意：你原来很胆小，服了一种神奇的药后，大病痊愈，从此胆大如斗，连杀鸡这样的"大事"也不怵头了，一刀砍下去，一只矮脚鸡应声而倒。为了庆祝，你和爸爸，还有你的一位朋友，来到酒吧。你的父亲喝了 63 瓶啤酒，大醉而归。走时带了两个西瓜回去，由于大醉，全都丢光了。现在，你正给你的这位朋友讲这件事，你说："一把奇药（1871），令吾杀死一矮鸡（0534127），酒吧（98），尔来（26），吾爸吃了 63 啤酒（58766389），拎两西瓜（0278），流失散

（643）。"

词语：火车 黄河 岩石 鱼 翅 体操 惊讶 煤炭 茅屋 流星 汽车

提示：把10个词语用一个故事串起来，请在读故事时一定要像看电视剧一样在脑中映出这个故事描述的画面来。故事如下：一列飞速行驶的"火车"在经过"黄河"大桥时撞在"岩石"上，脱轨落入河中，河里的"鱼"受惊之后展"翅"飞出水面，纷纷落在岸上，活蹦乱跳，像在做"体操"似的。人们目睹此景大为"惊讶"，驻足围观。有几个聪明人拿来"煤炭"，支起炉灶来煮鱼吃。煤不够了就从"茅屋"上扒下干草来烧。鱼刚煮好，不料，一颗"流星"从天而降砸在炉上。陨石有座小山那么大，上面有个洞，洞中开出一辆"汽车"来，也许是外星人的桑塔纳吧。

通过比较两次学习的效果，可以看出：使用后面提示中的记忆方法来记忆时，时间短，记忆准确，效果持久。

其实，许多行之有效的记忆训练方法还鲜为人知，本书就将为你介绍这些有效的训练方法。如果你能掌握并运用好其中的一个方法，你的记忆就会被强化，一部分潜能也就会被开发出来而产生很可观的实际效果；如果你能全面地掌握并运用好这些训练方法，使它们在相互协同中产生增值效应，那么你的记忆力就会有惊人的长进，近于无穷的潜能也会释放出来。

值得注意的是，虽然记忆大有潜力可挖，但是也不要滥用大脑。因为脑是一个有限的装置，过频地使用某些部位的脑神经细胞，时间一久，还会出现功能降减性病变（主症是效率突减），脑细胞在中年就不断地死亡而数量不断地减少，其功能也由此而衰退……故此，不要痛苦地去记忆那些过了时的、杂七杂八、无关紧要、结构松散、毫无生气、可用笔记以及其他手段帮助大脑记忆的信息。

二、明确记忆意图,增强记忆效果

很多青少年都有这样的体会:课堂提问前和考试之前看书,记忆效果比较好,这主要是因为他们记忆的目的明确,知道自己该记什么,到什么时候记住,并知道非记住不可。这种非记住不可的紧迫感,会极大地提高记忆力。

青少年懂得记忆的意义后,便会对记忆产生积极的态度。确定记忆意图还要注意以下两个方面:

(1)要注意记忆的顺序。例如,记公式,首先要理解公式的本质,而后通过公式推导来记住它,再运用图形来记住公式,最后是通过做类型题反复应用公式.来强化记忆。有了这样一个记忆顺序,就一定会牢记这些数学公式。

(2)记忆目标要切实可行。在记忆学习中,确立的目标不仅应高远,还要切实可行。因为只有切实的目标才真正会激发人们为之奋斗的热情,才使人有信心、有把握地把目标变为现实。有自信,才有提升记忆的可能。

明确记忆目标,不是一个记忆技巧问题,而是人的记忆动机、态度、意志的问题。在强大的动机支配下,用认真的态度和坚强的意志去记忆,这就是明确记忆目标的实质。

三、自信是成功的第一秘诀

　　刚开始的时候，人们对自己的记忆都会相当自信，因此也充满了兴趣与热情，但当他们发现了事实并非如此之后，往往就泄气了，丧失了自信，也丧失了热情。人们往往在第一天将一篇资料完整、准确地记住了，但当第二天回忆时，能正确说出一半就很不错了。

　　这类事情很使人丧气，但它又常常发生，人们渐渐对此适应了，便也放松了对自己的要求，因为他们的自信受到了伤害。

　　那么，这股自信应该建立在怎样的基础上呢？它要怎样培养并保持下去呢？关键就在于，如何在记忆活动中用自信这股动力来加速记忆。

　　某位心理学专家说："自信往往取决于记忆的状况，取决于东西记住了多少。如果每次都能高质量地完成，自信心就会受到鼓舞而得到增强，并在以后发挥积极作用；反之，自信心就会逐渐减弱，甚至最后信心全无。"

　　因此，树立记忆自信的关键就在于：决心要记住它，并真正有效地记住它。培养兴趣是提升记忆的基石。

　　某位心理学家说："自信往往取决于记忆的状况，取决于东西记住了多少。如果每次都能高质量地完成，自信心就会受到鼓舞而得到增强，并在以后发挥积极作用；反之，自信心就会逐渐减弱，甚至最后信心全无。"

四、兴趣是提升记忆的基石

德国文学家歌德说:"哪里没有兴趣,哪里就没有记忆。"这是很有道理的。

兴趣使人的大脑皮质形成兴奋优势中心,能进入记忆最佳状态,调动大脑两个半球所有的内在潜力,充分发挥自己的创造力与记忆的潜能。所以说,"兴趣是最好的老师"。

兴趣可以让你集中注意力,暂时抛开身边的一切,忘情投入;兴趣能激发你思考的积极性,而且经过积极思考的东西能在大脑中留下思考的痕迹,容易记住;兴趣也能使你情绪高涨,可以激发脑肽的释放,而生理学家则认为,脑肽是记忆学习的关键物质。

德国大音乐家门德尔松,在他 17 岁那年,曾经去听贝多芬第九交响曲的首次公演。

等音乐会结束,回到家以后,他立刻写出了全曲的乐谱,这件事震惊了当时的音乐界。

虽然我们现在对贝多芬的第九交响曲早已耳熟能详,可在首次聆听之后,就能记忆全曲的乐谱,实在是一件不可思议的事。

门德尔松为什么会这么神奇?原因就在于他对音乐的深深热爱。

那么,如何才能对记忆保持浓厚的兴趣呢?以下几种建议,我们不妨去试一试:

(1)多问自己"为什么"。

(2)肯定自己在学习上取得的每一点进步。

(3)根据自己的能力,适当地参加学习竞赛。

(4)自信是增加学习兴趣的动力,所以一定要相信自己的能力。

(5)不只是去做感兴趣的事,而要以感兴趣的态度去做一切该做的事。

不仅如此,我们还要在平凡的学习生活中积极地去发现、创造乐趣。在跟同学辩论的时候,时而引用古人的一句诗词,时而引用一句名言,老师的赞赏和同学们的羡慕，会使你对读书越来越有兴趣。

我们还可以借助想象力创造兴趣，把枯燥的学习材料变得好玩又好记。

兴趣促进了记忆的成功，记忆上的成功又会提高学习兴趣，这便是良性循环；反之，对某个学科厌烦，记忆必定失败，记忆的失败又加重了对这一学科的厌烦感，形成恶性循环。所以善于学习的人，应该是善于培养自己学习兴趣的人。

五、注意力是记忆的窗口

人在注意某一事物时,大脑皮质就会在相应部位上产生一个优势兴奋中心,所有的神经细胞都要为它"服务"。这种"全力以赴"的结果,使留下的痕迹明显;相反的,如果大脑皮质同时有两个以上的兴奋中心,就必然出现注意力分散的现象,这时对事物的理解和记忆就会受到干扰,破坏大脑的记忆规律,记忆效果肯定不好。

许多同学都会有这样的苦恼,越是想学习的时候,越是无法集中注意力,头脑被一些莫名其妙的怪念头占据着,无法摆脱掉。有时候,脑子里一片空白,上课老"愣神",不知道老师都讲了些什么。如果这种情况长久出现,必将影响学习成绩。

1. 注意力具有指向性

高度的注意力可以使心理活动指向那些有意义的、符合需要的、与当前活动相一致的各种刺激,同时避开或抑制那些无意义的、附加的、与当前活动相干扰的各种刺激。全神贯注,能使学习者、思考者尽量完全地沉浸在"目标场"中,这样可以有效地排除干扰,避免"思维"浪费,尽早实现突破性的结果。同时,全神贯注的过程,也是最大范围、最深化地调动思维能量的过程。在这样的过程中,人头脑中各种知识、能力的储存和潜在作用会充分得以发挥,从而帮助记忆。从心理学的角度来说,记忆分无意识记忆与有意识记忆两种,对于系统的知识,特别是系统的科学知识,绝不是单凭"无意识记忆"就能掌握的。在事前有明确的目的,并在进行中作出积极的努力,才是"有意识记忆"。也就是说,集中注意力、自觉地阅读两遍课文,比漫不经心地读十遍课文要记得多。

2. 高度的注意力保证记忆的持续性

当外界的大量信息通过感知进入大脑之后,大脑还要对它们进行编码储存,如果这个阶段不能对信息继续注意,它很快就会消失。注意力贯穿整个记忆过程,对感知、记忆、思维、想象等心理活动起着积极的组织和维持作用,它使客观事物在我们的头脑中反映得更加清晰、完整,记忆得更加扎实、深刻。尽管集中注意力有助于提高记忆,但还需要其他方面的配合。

首先注意力高度集中后,还要根据记忆的内容,联系其他能力(观察力、想象力、思维力……),并利用各种能力的协同作用提高记忆效果。

其次,记忆要有明确的目的,这有利于提高注意力。

最后,形成集中注意力之后,又要防止走进死胡同。不能忽视了所记内容的意义,而只一味地集中在字面上,否则,就在本质上失去了意义。

注意力是打开我们大脑记忆的窗口,而且是唯一的窗口,一旦注意力涣散了或无法集中,记忆的窗口就关闭了,一切有用的知识信息都无法进入。正因为如此,法国生物学家乔治·居维叶说:"天才,首先是注意力。"

六、观察力是强化记忆的前提

观察能力是大脑多种智力活动的一个基础能力，它是记忆和思维的基础，对于记忆有着决定性的意义。因为记忆的第一阶段必须要有感性认识，而只有强烈的印象才能加深这种感性认识。对于同一幅景物，婴儿的眼和成年人的眼看来都是一样的；一个普通人及一个专家眼中所视的客体也是一样的，但引起的感觉却是大相径庭的。因此，在观察时，一定要在脑海中打上一个烙印，这种烙印包含着对事物的理解和想象，而不是一个只有光与形的几何体。

达尔文曾对自己做过这样的评论："我既没有突出的理解力，也没有过人的机智。只是在觉察那些稍纵即逝的事物并对其进行精细观察的能力上，我可能在众人之上。"

不管记忆最终会产生什么效果，前提是一定要进行仔细的观察，只有这样做才能在脑海中形成深刻的印象。

我们观察某一事物时，常常由于每个人的思考方式不同，每个人观察的态度与方法及侧重点也不同，观察结果自然也不同，这又使最后记忆的结果不同。

在日常生活中，你可以经常做一些小的练习，训练你的观察力，譬如读完一篇文章后，把自己读到的情节试着记录下来，用自己的语言将其中的场面描绘一番。这样你就可以测试自己是否能把最主要的部分准确地记录下来，从而在一定程度上锻炼自己的观察力，这种训练可以称之为"描述性"训练。为达到更好的训练效果，我们应该在平时处处留心，比如每天会碰到各种各样的人，当你见到一个很特别的人之后，不妨在心里描绘那人的特点。

或者，在吃午饭时我们仔细地观察盘子，然后闭上眼睛放松一会儿，我们就能运用记忆再复制的能力在内心里看到这个盘子。一旦我们在内心里看到了它，就睁开眼睛，把"精神"的盘子和实际的盘子进行比较，然后我们再闭上眼睛修正这个图像，用几秒钟的时间想象，然后确定下来，那么就能立刻校正你在想象中可能不准确的地方。

在训练自己的观察力时,青少年还要谨记以下几点。

(1)不要只是对无关的一些线索产生反应,这样会把观察、思维引入歧途。

(2)不要为自己喜爱或不喜爱之类的情感因素所支配。与自己的爱好、兴趣相一致的,就努力去观察,非要搞个水落石出不可;反之,则弃置一旁。这样使人的观察带有很大的片面性。

(3)不要受某些权威的、现成的结论的影响,以至于我们不敢越雷池半步,甚至人云亦云。这种观察毫无作用。

事物的组成是复杂的,有时恰恰是那些不易被人注意的弱成分起着主导作用。如果一个人太过拘泥于事物的某些显著的外部因素,观察就会被表象所迷惑,深入不下去。

第六章
增强记忆力的训练

　　所谓增强人的记忆力,就是在一定的时间内较以前增加记忆的数量,提高记忆的质量。所谓提高记忆的质量,即是增加了记忆的清晰度并在更长的时间内保持了这种清晰度。研究表明记忆力是可以通过训练来增强的,但选择怎样的方法才会有更好的效果,则因人而异。

一、利用系统记忆法增强记忆

系统记忆法,简单地说就是按照科学知识的系统性,把知识顺理成章,编织成网,这样记住的就是一串。零散的珠子,我们一手抓不了几粒,如果用一根线把珠子穿起来,提出线头就可以带起一大串。记忆也是这样,分散的、片段的知识记得不多,也不能长久保持。把知识条理化,系统化,就会在脑子里留下深刻的痕迹。例如记忆圆形、扇形、弓形的面积公式时,可以采用这样的方法:首先抓住这三种形状的关系:扇形是圆形的一部分,弓形又是扇形的一部分,然后再把几种图形面积的公式串起来。这样,记忆起来就不困难了。可见,系统记忆法是系统学习法的重要组成部分。

1. "记"的过程

系统记忆法在"记"的过程中强调分类存储。相当于仓库,只有分类清晰,结构有序,才可能迅速地从中找到东西。

有序地"记",将为"忆"提供了极大的便利。

先在心里构架一个体系树模型。它是空的,仅仅是一个结构。在开始的时候,可以以教材的目录、章节为节点,构架体系树。

在记忆的过程中,要学会找出知识点(记忆内容),通过分析、归纳,将知识点的特性,特别是与其他知识点或者外界联系发掘出来。

将知识点放在体系树上,就相当于树的叶子、果实、花和嫩芽。可以根据知识点的特性,调整体系树结构;也可以根据感觉和推理,留出体系树的空缺部分。有些教材仅仅是一个方面的内容,适当的空缺就是和其他相关教材或学科的接口。

2. "忆"的过程

其实在结构体系树的时候需要运用的思考,就已经开始包含"忆"的成分了。只有"忆",才可能取用其他知识点,与此知识点发生联系。结构树需要不时地回想,以扫描缺少的枝叶,再及时集中精力,将遗失的枝叶重新挂到体系树上。

回想的过程就是"忆"的过程。要做到心中有"树",就是"忆"的基础上的体系树。

3. "记"和"忆"的统一

增加刺激联结是记忆的诀窍。这也是系统学习法最有效的地方。

"记"和"忆"是两个不同的过程,但是他们不是孤立的,而必须交错行进。根据"忆"的需要去补充"记",将使"忆"更有效,也更完全。

体系树对于"忆"来说是相当重要的。从一系列刺激联结迅速找到想要的内容,这只有清晰的体系树才能做到。就像收拾房子,如果大致分类,什么东西在什么地方,使用起来就会很方便。否则,就算这物品(刺激联结)实际存在,也找不出来。不能使用,也就相当于没有。

人有遗忘的本能。如果刺激联结无序,很可能就作为无效信息,清理出大脑,记忆的效率将很低。

魔力悄悄话

记忆分为"记"和"忆"两个过程。"记"是通过强化刺激,在大脑中留下痕迹。"记"是必要的阶段,"忆"是把大脑里形成的刺激联结给取用出来。要改善记忆的效果,必须把更多的时间从"记"转到"忆"来。那主要是通过回忆、思考、联想、实际应用来熟悉并强化刺激联结。

二、利用连锁记忆法增强记忆

利用新奇形象联想法把要记的多个事物串联起来,其中每个事物都像锁链上的一个环,环环相连。这样环环相连的记忆方法称为"连锁记忆法"。如:浙江省某中学的一个学生记甲骨文—金文—小篆—隶书—楷书—草书—行书,这是汉字形体的演变过程,他通过自己的联想把它记作:"古今小隶盖草房"。又如另一个学生在记甲、乙、丙、丁四件没有丝毫联系的事,他记忆的第一步是把甲与乙联系在一起作新奇联想,接着又联想到乙与丙,再联想丙与丁。在回忆时,只要记起甲就能回忆起乙,乙又与丙有联系,因而,丙也被回忆出来,再带出丁。

从上面的两个例子可以看出,采用连锁记忆法,把毫无联系的内容串起来后,一口气可以记忆几十个,上百个,不但"记"与"忆"快速,而且大脑负担轻松。

例如,我们打算记忆10件毫无关系的事情,不过可以不限于名词:飞机、树木、信封、耳环、水桶、唱歌、篮球、腊肠、星星、鼻子。要是逐个记忆,当然不是件简单的事。但是,通过记忆链的联想方法,就容易记牢。最好采用离奇的联想,联想步骤如下:

1. 把飞机和树木通过联想联系起来,可以想象这样的景象:巨大的树木就犹如一架大型飞机在空中飞翔。

2. 由信封想到耳环,当打开信封时,无数耳环朝自己的脸上飞来,或把信封作为耳环戴在自己的耳朵上。

3. 再联想水桶,想象耳环下挂着巨大的水桶。

4. 接下来是"唱歌"。想象巨大的木桶张开大嘴在唱歌,或想象自己头戴水桶在唱歌。

5. 由篮球联想到腊肠。想象腊肠在打篮球,或者想象篮球运动员用腊肠作为球进行比赛。

6. 联想星星,把天空中的星星想象为大腊肠。

7. 最后联想到鼻子,想象星星长着巨大的鼻子,或者想象自己脸上的鼻子是一颗大星星。

通过这样的联想,就把10件事物联系起来了。当然这里的联想有点麻烦。一旦习惯之后,在10秒钟内就能联想完毕。只有第一个"飞机"没有联想物,需要费点力气。但只要想起飞机,后面的就能想起来。飞机——树木——信封——耳环——水桶——唱歌——篮球——腊肠——鼻子。

学习中利用连锁记忆法可以收到事半功倍的效果。

必须让事物形象地在脑中浮现。即使是百分之一秒那样短的时间也好,最主要的,是要使联想到的事物形成清楚而稳定的形象,让极清楚的形象在决定性的瞬间出现在脑海中。千万注意,别把思路弄乱了。

三、利用内在规律增强记忆

在学习中,应该善于寻找具有规律性的东西加以记忆。如数、理、化课本上的不少定理、定义、公式的记忆,采用死记硬背的方法,效果欠佳。在理解的基础上找出规律,其记忆效果较好。2005 年河北省张家口市中考"状元",他在记忆欧姆定律时,首先是理解电流与电压成正比,然后再理解电流与电阻成反比,这样他就很容易地把欧姆定律记住了,在考试时运用自如,考出了令所有人骄傲的好成绩。

所谓规律记忆法就是把要记的东西找出事物之间的联系和规律,从而有助于记忆效果。

据说爱因斯坦的一位朋友告诉他电话号码改为 24361,请他记下。爱因斯坦并没用笔记,但立即说自己记住了。朋友很惊讶。爱因斯坦说这个数字很好记,24361 就是两打(12×2)+1920 原来爱因斯坦发现这五位数的电话号码是由有意义的数字所组成,因此一下子就记住了。

德国大数学家高斯小学念书时,老师让他们计算 $1 + 2 + 3 + \cdots\cdots$一直加到 100 的和。正当全班同学紧张地挨个数相加的时候,高斯报告了他计算的结果 50500 同学们都很惊讶,教师问高斯怎么算得那么快,高斯说,$1 + 100 = 101. 2 + 99 = 101. 3 + 98 = 101\cdots\cdots$然后 $50 + 51 - 101$,他掌握了这个规律,采用了 $101 \times 50 = 5050$ 的简便算法。

利用规律记忆法,不单单是数理化上必用的一种好的记忆法。其实,对英语单词的记忆效果提高也是很重要的。比如,英语构词法之一派生法也叫词缀法,就是在词根前面或后面加上前缀或后缀就构成了新的词。如 work(工作)后面加缀 er,就构成了新的词 worker(工人)。英语构词法之二合成法。如 class(课)+ room(房间)就成了 cLassroom(教室);every(每一)+ where(在哪里)就构成了 every. where(无论何处);Every(每一)+ one(一)构成了 every. one(每人);my(我的)+ self(自己)就构成了 myself(我自己)。

同学们如果掌握了英语单词的构成的规律,记忆的效果就会提高了。

记忆力——过雁原是旧相识

教师和家长如果能够发现问题,根据不同孩子记忆的不同特点,帮助孩子分析记不住的原因,找出各个学科记忆的规律,帮助孩子克服记忆困难,学习效果就会增强,学习成绩也会提高。

利用规律记忆法,不单单是数理化上必用的一种好的记忆法。其实,对英语单词的记忆效果提高也是很重要的。许多同学之所以英语学习成绩不好,很重要的原因就是记不住单词。如果他们对英语的构词有所了解,并加以应用,那么英语单词的记忆效果就会提高。

四、利用选择法增强记忆

"如果必须记忆的事物有几十个以上,往往让人从内心里感到害怕、厌烦,还没开始记忆,意志就已开始退缩了。"这是美国心理学家金肯斯在不断地研究中得出的一个结论。

现实生活中,需要记忆的事物太多,如果还用形象联想记忆法将会事倍功半了。因为运用形象记忆法要在脑海中刻画如此众多的形象,必然就要花费极大的力气和时间,进而导致达不到预期的效果。所以,在这种情况下,形象联想记忆法就不灵了。难道就没办法了吗?别急,下面我们就来介绍另一种记忆的方法:选择法。

首先,记忆前先检查必须记忆的事物。想一想,将来还有可能用到吗?究竟有无记忆的必要呢?记忆事物对以后有帮助吗?这样,有助于从众多资讯中,正确选择对自己有帮助的、有意义的部分,取其精华弃其糟粕,从而减轻记忆过多事物的负担,避免将时间浪费在不必要的事物上。

现在是信息爆炸的时代,每天我们都会接触到大量的信息,但有些是对我们有用的、有益的,也有许多是对我们无用的。如果不能很好地选择利用,将给我们的生活、学习和工作带来许多的不便,所以我们必须对所有的信息做一番正确的取舍,才能真正记忆对我们有益处的东西,并灵活运用。

其次,将要记忆的事物亲自加以整理分类,把相似的事物置于同类的一组,如此一来,只要想起其中一类,每一类中的各个事物就能一个接一个地记起。为了清楚记忆,整理分类的工作最好由自己来做,将构成的一类事物,整理为一个主题或一篇短文,在脑海中描绘出主题或短文的特性及重点,以便记忆其中的各个事物。

我国著名数学家华罗庚教授发明的优选法曾经风靡全国,几乎到了人人皆知的程度。优选法可以应用在各行各业,帮助我们合理地安排实验,在较短的时间内找到合理配方、合适的条件与最佳的途径。选择记忆法就是根据这个原理归纳的,将最实用的材料输入大脑,并编码储存,以使记忆效

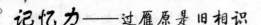
果更加突出的方法。

选择记忆法是治学所面临的形势的需要。现在科学技术发展十分迅速,"第三次浪潮"席卷全球。据不完全统计,全世界现有科技期刊35000多种,每年发表的蕴含新知识的科学论文约有500多万篇,每年登记的发明创造有30多万件。在这信息爆炸、知识翻番的形势下,选择优选法作为一种重要的记忆方式是必然的。面对浩浩荡荡如烟海、汗牛充栋的书籍应该怎么办?只有选择!

读书和记忆没选择就没有收获。朱熹曾经说过:"读书譬如饮食,偷窃咀嚼,其味必长;大嚼大咽,终不知味也。"这话是有道理的。贪多嚼不烂不但不能健身,反而会消化不良。

那么怎样运用选择法来记忆呢?

1. 确定目标:首先要确立学习或记忆的目标,然后再相应地选择多种书刊资料。最好请专家、学者、教师开个书目,对目标所及的书刊资料精中选精、优中选优,特别是不要遗漏那些代表或反映本专业最新科研成果的资料。

2. 弄清关系:治学者要弄清知识结构之间的关系,以主攻专业为骨架的知识结构网络,围绕主攻专业建设自己独特的知识体系,以便有主有次、有详有略、有长线有短线地选择学习、记忆的材料。

3. 广博钻研:学习记忆不但要专,而且要博,这一点表面看来互相矛盾,其实不然。知识越是高度综合,就越要求治学者广取、提炼升华,只有这样才能巩固专业知识。"操千曲而后晓声,观千剑而后识器"。博大才能精深,精深是建立在博大的基础上的,没有广博就谈不到精深。

苏联作家巴乌斯托夫斯基说:"记忆,好像是一个神话里的筛子,筛去垃圾,却保留了金沙。"让我们用选择记忆法这个神奇的筛子,不断筛选知识的金沙吧。

记忆时要善于抓住材料中最有价值的精髓,一本书也好,一篇文章也罢,往往只有一条主线、一个主题、几段精彩的论述,这才是必须记住的重点,其余的只是起烘托或辅助作用。因此,必须牢牢地抓住重点部分,提纲挈领。

五、利用分类归纳增强记忆

当我们走进某个房间中,无意间看见屋子里钢笔、墨水、笔记本、书包、毛巾、衣架、肥皂、刷子、收录机、电冰箱、电风扇、洗衣机等东西多而凌乱时,倘若想将这些东西全部记住恐怕会很困难,那么该怎么做呢? 这就要用到分类归纳法了。

这种方法的步骤是:1. 找到共同点;2. 归类;3. 先记类别;4. 再记内容。这样每一类只有少数几项东西,条理清晰更容易轻松地记忆,且不易忘记或遗漏。

假设若能先将这些东西加以分类,那么记忆时就会容易,再回忆时也比较不易遗漏。怎样分类呢?

具体分类如下:

1. 文具类:钢笔、墨水、笔记本、书包;

2. 卫生用品类:毛巾、衣架、肥皂、刷子;

3. 电器类:收录机、电冰箱、电风扇、洗衣机。

为什么分类容易记呢? 这是因为类似的东西易于彼此联想,反映在大脑里就是我们说过的暂时神经联系易于建立。我国某著名的心理学专家说:"在人的记忆活动中,对材料的分类分组是一个很重要的步骤。人的经验是分类保持的,唤起过去的经验(回忆)也要借助于经验的类别范畴。"这里讲的"分类保持",就是记忆同类事物的脑细胞间建立暂时的神经联系。

因此杂乱无章、任意放置的东西,在记忆之前,必须先分头整理。

分组的标准特性,不一定只能有一个,可依其机能、构造、性质、大小、颜色、轻重、存在场所、时代等来划分。这要看个人擅长从哪一方面的记忆了。

如果并非东西,而是人的话,可依性别、年龄、出生地、籍贯、毕业学校或 ABC 的字母顺序来划分。为便于分类,组数及组内的个数都须适当,不要太多也不要过少。组数不多,记忆不易;组数过少,组内个数相对增加,也不易记。同时,分组时也要注意,每组的个数相差太多也不好。

分类结果，往往会出现既不属于这组、也不属于那组，编入任何一组都不恰当的东西，这时不必勉强非把它归为某一类不可，或拼命地寻找它和其他事物的共同性，只需将其单独归为一类便可。

使用分类法时要注意符合大脑的一个特点，即一次记忆内容不要超过七个单位。英国的心理学家戈尔斯泰经过许多实验表明，记忆的内容虽然永远填不满大脑，但在短时的记忆活动中，大脑一般接收不了超过七个以上没有意义联系的字。因此，分类时不要超过七个组，每个组内的数也不要超过七个。

经常有意识地锻炼自己的分类记忆能力不仅可以提高记忆力，还能增强逻辑思维能力，一举两得。

在我们学习中会有杂乱无章的内容，在记忆之前，也必须先分头整理。虽然分类时也要花一点时间，但为了记忆所花的时间，与记忆没有规律原本杂乱无章的事物所需花费的时间一经比较，仍然要少得多，而且正确率更高，故仍十分值得。

六、利用逻辑联系增强记忆

司法考试,一直被人称作"天下第一考",有的人考了9次都没过。可是2005年江西的一个高中生却在第一次参加考试就顺利通过,很多人认为他这次考试只不过是一个"奇迹"。可他却这样说:其实,我这次顺利地通过并不稀奇,最主要的一个原因,也是最关键的原因是:我在学习的过程中,善于运用事物的规律以及事物间的联系。再加上在每天不断地坚持,最终抓住了自己眼前的成功。从这件事就可以看出利用逻辑联系来增强记忆的重要性。

当事物恰好具有某种已知或可知的规律时,要记住它们比较容易。因此,进行记忆时,应该在一开始就寻找记忆材料中所包含的规律。由于很多情况下并不存在现成的规律,最好自己去总结规律,找出联系。

通过把事物按逻辑顺序、字母顺序、或任何适用于这一事物的顺序进行排列,你就找到了记忆中的联系。你可以把它们的拼音字母拼成一个单词;你也可以按尺寸大小对它们进行排列;你还可以把它们设想成一个有意义的组合。事物所具有的联系可以辅助你记住它们。

毫无意义的数字、语词,如能转换一个角度来观察或改变排列顺序,往往能发现其共同性及规则性。

如记忆列的事物:

3、10、8、12、1、7、5

如按照次序来记这七个数字,一定很费力。但若改变其排列顺序,将之按照从小排到大就变成这样了:

1、3、5、7、8、10、12

再看这些数字,从整体上显得有顺序而易记忆。但一样得记七个数字,是否有更简便的方案呢?再仔细观察定会了解,这个数字是月历中大月所排列出来的。这么一来,就简单了。只要记住是大月,便能全数记住了。所以,把要记的事物,改换为清楚、容易了解的事物来记忆,便能获得事半功倍的效果。

现在让我们来介绍一个记忆的窍门，其中既利用了事物的规律性，也利用了想象的方法。你在记一组事物、一系列姓名和日期，或者准备好的发言要点时，设法在你头脑里放一幅记忆的顺序图。当你需要记住的事物为 12 件或不满 12 件时，你可以用手表的表盘帮助记忆，把你需要记住的第一件事情看作表盘上的数字 1，然后顺着表盘一一对应。这样，你就可以通过看手表来提醒自己。

你也可以研究一下写有记忆内容的单子，如果这个单子不是很长，你可以在走过家里各个房间时把每一项内容和不同的房间或家具联系起来。当你使用这一方法的时候，你必须保证走过的各个房间或家具的顺序保持不变，你甚至还可以随便在纸上画一个简单的几何图形对需要记忆的事物进行空间排列——三角形的三个顶点，一组线条、五角星的五个顶点等，把事物写在其对应的角落对你会有所帮助。因为你对事物空间位置的印象会加深你对事物本身的记忆。

人的大脑一直在利用事物内在的规律进行工作，这和大脑利用联想功能一样，你一样可以设法把不相关的事物联系起来，因此，没有规律的事物，也一样可以创造出规律，让大脑理性思维多出一种"武器"。

第七章
用感官增强记忆

　　感觉器官是我们了解外界情况的工具，没有了感觉我们就失去了感知世界、改造世界的能力。同时它们也是人类打开记忆之门的必经之路，所以训练感官对于增强记忆力极为重要。

一、提高感官的敏锐度

美国当代的心理学家奥斯卡说:"人的记忆80%都是靠感官敏锐度。"这就使感官的敏锐度在记忆的过程中起到了一个主导的作用。

其实,我们经常会遇到这样的现象:有时仅仅只思索一下就能回忆起某个人的面貌,稍微注意一点就能听出母亲的声音,特别喜欢的香味在某处闻到时能立即嗅出,这些都是通过我们的感官记忆重新反映在我们脑中的体现。然而人与人之间在听觉和视觉方面差别很大,这种表象的逼真度因人而异。音乐家对音响有很逼真的记忆表象,并且在自己大脑里能辨别交响乐的所有音阶和乐器;有些人具有异常灵敏的嗅觉,能够准确地回忆很多花卉和食品的香味;夜视患者由于视网膜细胞的组成与常人不同,他们视网膜上有大量的杆状体,因此晚上视觉非常发达;此外,人与人之间在嗅觉和味觉方面也存在着很大的差异。

由于我们每个人各个感官的敏锐度不同,因而每个人利用对自己最有效的记忆表象去记忆,效果最好。自古就有"百闻不如一见"之说,对于一般人来说,亲眼见过的东西更容易记住。因此,提取记忆时,如能努力在表象中描绘出想记忆的东西的实际形象,就能更好地记忆。有的孩子学习时喜欢用耳朵听,觉得听比看记忆效果好,那么最好让他听。我们常常会有这样的经验,复杂的统计数字如能规律地画成表格来表示,不仅简单明了,而且记忆效果也好得多。我们把这些称为形象化的数据。

视觉感官敏锐的人想要记住就需要视觉形象化。如在头脑中清楚地描绘某一事件、单词、物、人,那就容易再现。这种表象越鲜明,学过的东西就越能长时间记住。听觉感官敏锐比视觉表象记忆效果好的人,可以在听觉表象上下功夫。但是,即使如此,也应该尽量多利用其他感觉。事实告诉我们在学习记忆事物时,运用多种感官协调记忆效果是最好的。例如:在记忆单词时,如果能听着别人地发音来记忆,自己也一边不断的发音练习,一边在练习本上练习拼写,这样那个单词就容易记住。在这里就综合地使用了三种感觉，即"听老师读单词的发音""练习单词的拼写""听自己读单词发音"。此外，把该单词的拼写、发音、意思结合起来进行视觉形象化也很重要。要记住某件事时，最好的方法是尽量利用多种感觉。这就从记忆的客观上要求我们训练各种感官，提高感官的敏锐度。

在人类历史上曾有很长时期，凡是有感官刺激的事都被视为一种罪孽。人们只谈神灵，与感觉保持一定距离，反对和鄙视感官的发展。

现代文明生活使许多人的感知越来越差。因此，需要重新训练我们的感官，也许有一天你将惊异地发现自己在这方面取得了重大进展。

正确的信息储存首先需要感知足够强烈，其次需要感知清醒。任何器官都是如此，虽然人的某些器官已经非常发达，但某些器官却还不及一些动物，如嗅觉不如狗，视觉不如鹰，听觉不如鼠。

二、心理动机是记忆的关键

强烈的动机可以促进记忆。动机是记忆的原动力,动机越强烈,记忆力就越强。例如两个人乘车去一处两个人都没去过的地方,开车的人去一次就能清楚地记住车走过的路线,而坐车的人则往往记不住。可见,强烈的欲望可以提高记忆的效率。

小学儿童识记活动的有意性正在发展中,识记的自觉程度还不高,常常需要成人的提示和激励等外加力量的推动,才能使他们积极投入识记活动中。

美国当代的教育学家奥斯卡在 2004 年的时候,对外加动机对小学生识记的影响进行了研究。其结果表明,小学各年级儿童在由外力激发识记动机情况下,比没有外力激发识记动机、时识记成绩要高。其中四年级在有外加动机情况下提高得最多,三年级最少。同时研究结果还表明,不同性质的外加动机对识记的促进程度也不同。表扬能促进小学各年级儿童识记效果明显提高。其中,二年级儿童在有物质奖励的情况下识记保持量最高,而六年级儿童则在有精神表扬的情况下识记保持量最高。四年级对精神或物质的奖励差异不大。由此可见,小学儿童随着年龄的增长,在外加动机系统中,精神表扬对识记的作用日益增强。为提高小学生识记效果,经常地、恰当地运用表扬和批评的手段是非常有必要的。

另外,英国当代的心理学家卡尔·罗泰经过长期的研究,最后得出这样一个结论:人的记忆动机与效果有着十分密切的关系。2002 年他曾做过这样一个试验,让学生熟记两篇难度差不多的文章,同时告诉他们:背第一篇文章第二天要检查,背第二篇文章两星期后测验。事实上两篇文章的背诵都在两星期后测试。结果显示,学生对第二篇文章的记忆要比第一篇好得多。原因就在于第一篇文章识记目标距离短,而第二篇文章的识记目标距离长。如果说你把参加企业人力资源管理员(师)资格考试的目的定位在拿证的话,那你在走出考场后的短期内,便会将学习内容大部分遗忘。这就告诉我们,我们应当把参加考试的目的定位在提升自身素质、以便更好地开展工作上,否则,证书是拿到了,但对工作并没有什么帮助。

因此,我们可以有根据地断言:毫无目的的机械重复对于记忆能力的提高无济于事。你应该改变以往的机械记忆的方法,明确你的记忆动机,这将是你打开通向成功记忆之门的钥匙。

为了应考而向学生硬灌知识。为什么考试一结束很快就会忘掉呢?上面的实验就是很好的说明。

记忆动机可以增强记忆力的另一条理由是:动机能使我们集中注意力,把我们的知识按一定的规律编排。知识编排得越好,记得就越牢。正如法国的著名心理学家捷尔克曾经说过这样一句话:"有动机的记忆就是有动机的编排。"

魔力悄悄话

我们必须承认,要想把所有的事情都永远记住,那是非常天真的。因此,首先判断哪些是要永远记住的,哪些是只需短期内记住后可以忘掉的。这对于增强记忆力是重要的一环。因为在记忆时,如果只需要记住几个小时,那么过了这几小时就会不知不觉地忘掉了。

三、浓厚的兴趣是记忆的前提

美国的心理学家杰尔·斯克曾说："兴趣是记忆的食欲增进剂。"其含义就是如果你一旦产生了兴趣,便如同饭前的"食欲增进剂"一样的作用,使你产生强烈的求知欲。也就是说,兴趣可以成为你深入学习的突破口,正如"爱好是精湛的基础"这句格言所说的一样,兴趣可使你如饥似渴地吸收知识,进而大大提高你的记忆力。

简单地说兴趣就是人们力求认识某种事物和从事某种活动的一种意识倾向。主要表现为人们对某种事物、某项活动的选择性态度和积极的情绪反应。

兴趣主要是建立在需要的基础上,并通过社会实践而形成和发展起来的。人的需要多种多样,因人而异的兴趣也是多种多样,各不相同的。爱打扮的女生对服装感兴趣;爱看球的男生对球赛感兴趣。人的需要改变了,兴趣也随之改变。但需要并不一定表现为兴趣,人有睡眠的需要,但不等于人对睡眠有兴趣。当兴趣发展成为从事实际活动的倾向时,就成为爱好,成为一种特殊的动机。不过人对某种活动产生的动机,未必一定能发展为兴趣。

兴趣可分为有趣、乐趣、志趣三种。有趣常常是稍纵即逝,一笑了之;乐趣总有些"乘兴而来,兴尽而返",靠客观事物的趣味性诱发而来;志趣则带有目的性和方向性,是最高级的形态,它可以使人如痴如醉,废寝忘食,持之以恒地攀登成功的阶梯。

兴趣的品质,表现为人们兴趣的个别差异性。

兴趣总是指向于一定的事物,并且因人而异,在一定程度上反映出一个人的需要、知识水平、信念和世界观。

如果对学习材料、知识对象索然无味,即使花再多时间,也难以记住。因此兴趣对记忆有很大的作用。

有人把注意事项比作照相机的镜头,那么兴趣就是焦距了。注意力能否集中在对象上,就看焦距调节得如何。只要兴趣这个焦距调节得好,注意的对象便能够清晰地印在大脑的底片上。歌德有句名言："哪里没有兴趣，哪里就没有记忆。"心理研究表明，在其他条件相同的情况下，凡是能够引起人们兴趣的事物，就易于记忆，保持长久。凡是人们厌烦的事情、厌倦的体验、厌恶的东西，则不易保持在记忆中。爱因斯坦曾说过："对一切来说，只有'热爱'是最好的老师，它永远胜过责任感。"

兴趣对记忆的作用就在于以下几个方面：

1. 兴趣会在大脑皮层中形成兴奋中心，有利于记忆。在这种情况下，脑神经会处于积极的工作状态，不但不会感到记忆是一种负担，反而会处于一种享乐之中。人们在学习感兴趣的材料时，往往会忘记时间的流逝，即使时间长一些，恐怕也只会觉得疲劳和困倦。与此相反，对那些不感兴趣的事物，则根本没心思去记，更谈不上记得牢了。某记忆学者说得妙："不感兴趣的识记材料本身就留下了遗忘的'基因'。"另外，没有兴趣时，脑神经正处于迟钝状态，对输入的信息，态度必然"冷淡"，就像我们心烦意乱的时候，不愿听一个老太婆唠叨一样，还谈什么记住呢？

2. 兴趣会使人们集中注意力，增强记忆。如果对识记材料发生浓厚的兴趣，首先，保持注意力的时间就会大大延长；其次，兴趣还能引起我们对事物进行认真观察和积极思考，而细致的观察是记忆的基础之一；最后，人们兴趣深厚的时候往往表现出一种良好的情绪，这种良好的情绪可以焕发精神，刺激智力活动。

3. 兴趣会诱发人们的想象力，促进记忆。想象，是根据头脑中已有的表象，经过思维加工改造创造出新形象的过程，也是人们认识事物的一种能力。

4. 兴趣可以激发人们的求知欲，提高记忆效率。兴趣发展到志趣、爱好阶段，就不会满足于一般的了解而是要进一步探索其究竟了。

5. 兴趣能够挖掘出人们的内在潜力，同时也激发出巨大的记忆潜力。许多科学家、艺术家等成功的秘诀都在于，他们对自己所从事的事业有强烈的兴趣。因此，培养孩子要从兴趣入手。

兴趣不是天生的，任何一种兴趣都是对这种事物有所认识或参与了某种活动，体验到情绪上的愉悦后发生的。如你对音乐有兴趣，不仅对有关音乐的书籍、乐器、各种音乐活动有所关注，而且对音乐有所了解，津津乐道，并对参加音乐活动感到精神上的愉快。兴趣是在工作、学习和生活中有意或无意地培养起来的。数学家张广厚与数学并非一见就投缘，他曾与其格格不入，还因而留过级。但后来他在钻研数学中对这门学科产生了兴趣，以至决心为其献出毕生精力。兴趣也不光靠自己培养，家庭、环境的影响，教师、朋友的启发也会起很大作用。

兴趣与知识积累有很大关系，一个人的基础知识怎样，对相关兴趣的产生有莫大的影响。谁都知道，让儿童去听心理学学术报告，他一定不会感兴趣。因为他听不懂，没有建立兴趣的基础。而知识积累越多、越广博，兴趣也就越大、越广。

兴趣对记忆非常重要，但我们不能只凭一时的兴趣去学习和记忆。应在认真学习、明确目的、端正态度、深入钻研的基础上，正确地运用和培养兴趣，以提高自己的记忆力。

四、敏锐的观察是记忆的先导

美国当代的记忆研究学家彼尔特为了测验学生到底如何记忆自己过去观察的情况,曾进行过一次有趣的实验,最后得出一个结论:"在任何的学习中,仔细地观察也就是认真调查想记忆的事物,只要抓住根本的意思,记忆的效果就会猛增。"

对一件事物产生印象时,事先若没有明确的表征,我们就无法再现该物象,故常常忘掉其现象。为了形成明晰的表征,必须仔细观察,集中精力去记忆。一般情况下任何人都一样,注意得多的事物比不太注意的事物记得牢。大多数人虽然都知道这条规律却不大愿意运用,要增强记忆,决不可无视这条规律。想要记忆词语、事件、人物,就要仔细观察,并养成集中注意力去观察的习惯。

观察不周到或观察不准确的事物,当然不可能完全、准确地记住。为加深印象,重要的是要经常带着记忆的意图进行观察。如果我们带着记忆的意图进行深入观察,任何事物都可以记住。例如:若问某建筑物有几个窗子,恐怕即使每天出人那里的人也不一定能回答出来。这是因为对一般人来说,没有去数究竟有几个窗子的必要。

为了得到明确的印象,首先必须学会准确地观察事物的本质。

1. 集中注意力

记忆时只要聚精会神、专心致志,排除杂念和外界干扰,大脑皮层就会留下深刻的记忆痕迹而不容易遗忘。如果精神涣散,一心二用,就会大大降低记忆效率。

所谓注意力就是指留意某事物或某人的行为时的集中意识。因此,对一个事物越加以注意,由该事物所得到的印象就越深。我们通常见到、听到、感受到的东西几乎事后全部遗忘,这就是由于我们对这些东西没有给予充分注意。充分注意了的事物,无须特别去记忆也会很轻松愉快地记住。因此,无论什么事,如果你想记住它,就要集中全部注意力。这一点颇为重要,随随便便地注意了一下,事后慌慌张张去回忆,那是很难的。

注意力越集中,我们就越能长时间记住。没有充分注意,很快就会忘掉,不可能记住多久,当然完全没有注意的事根本记不住。

2. 学会像画家一样去观察

我们已经知道,想产生印象就要有记忆的意图,仔细地观察比什么都重要。有时并不特别想记忆,但很自然产生了印象,这种无意识记忆有时会出现。如在眼前刚刚发生的交通事故,或 2001 年 9 月 11 日恐怖分子驾机撞击美国世贸大厦的情景就属于这种现象。但这类事情并不很多。仅仅吃惊地望一下眼前发生的事,多半是记不住的。例如有人问:

"两星期前的星期三下午二点,你在什么地方?"如果那天没有特殊的情况,那么你肯定不能立刻想起来。你要想获得印象,就要去观察。否则无论接触多少单词,至多也只能记住几分之一。因此现在提出"观察"这个问题。

观察时先规定好一定的顺序和条件,并以此反复进行观察,极为重要。

最初也许会感到烦琐很难做到,但在反复多次的体验中,就会掌握这些。画家即使同其他人一样观察景色,观察事物,但事后他能把当时的情况准确地记住,确实与这些有关。画家在事后准备回忆当时的情况时,经常会碰到"那么,那个山的颜色是什么样的? 树是什么树? 同路人穿着什么衣服?"这类问题,因此,在训练动笔画画时,画家很自然地就决定了观察的顺序和条件。即使是无意识状态下,他也会以对记忆最有利的观察顺序与条件仔细观察景色、人物、事件。这一点对我们学习特别重要。学习外语时,碰到某个新词,可按以下办法进行。

(1)要记住"这是个新单词"。

(2)认真注意拼法,详细了解词意。

(3)找出拼写的特征、发音的特征。这时要查阅词典,通过发音符号掌握正确的发音,效果最佳。例如:high(高的)这个单词中,gh 是不发音字母。也就是说,gh 不发音是该单词的一个很大特征。

(4)注意单词的关系,了解单词在句中的位置及其作用,也就是弄清它是主语还是谓语,是动词还是名词等。

(5)注意单词在拼写上是一个整体,还是可以分成两个部分。例如:for(为了、而且)这个单词是一次拼写的,而 forget 则可以分为 for 和 get 两个拼写部分。

(6)一个单词在拼写发音、意义等方面,能否联想其他单词。这时如果查阅辞典,注意意义上的相似和进行对照则更加有效。同样,这样的做法在历史课和数学课中都适用。

回忆不起以前学过的单词、历史年代、人物的姓名、数学公式,一般是由于最初学习时没有仔细观察,没养成抓住事物特征的习惯。

3.注意观察事物的技巧

记忆的意图强有助于注意力的集中。假若你无论如何也要记住某事,那么你必须对它加倍注意。我们一般人对于现时所做的事不大十分注意。有一位英国大教育家说过:"一般人只将智能的微不足道的一部分用于注意。""每个人都在各自能力范围内生活",并且"还有日常用不上的各种能力"。这些话,特别适合于观察人物。对于观察每天发生的事情,我们仅仅使用实际能力的十分之一。

细致的观察在于了解被记忆对象的本质特征和细节,这对记忆大有好处。要学游泳,坐在家中看关于游泳练习方法的书,不如到游泳池去看别人游学的快,因为游泳池给了你细致观察游泳动作的机会。

五、丰富的想象是记忆的翅膀

美国的记忆研究学家汤姆在近日的研究中,曾问过这样的一个问题:"瑞士和法国的国土是什么形状?"能及时回答出来的,只是很内行的地理通,一般人并不知道。其实这不足为怪。然而意大利的形状则是一般人也知道的。这是为什么呢? 如人们说的它像个长筒靴,而长筒靴又是人们所熟悉的形状。把它与意大利的形状连结起来,人们就总也忘不了了。

因此,汤姆说:"记忆的基本法则是把新的信息联想于已知事物。"

1. 联想记忆法的种类

联想记忆法分为以下三种具体方法:

(1)接近联想法。两种以上的事物,在时间或空间上,同时或接近,这样只要想起其中的一种便会接着回忆起另一种,由此再想起其他的。将记忆的材料整理出一定顺序就容易得多了。

例如,有的同学有时候一下子想不起一个很熟的外语单词,明明是经常温习的,连这个字在教科书上什么位置都能回忆起来,可一下子就想不起来了,那他就可以从这个字是哪一类词,这样反复地联想,往往能回忆起这个单词来。这个词和前后词的关系是位置接近,这种联想就叫空间上的联想。还有一种时间上的联想。比如一个同学在一本辞典上看到关于某个词的很有意思的说明和解释,告诉了同座的同学。那个同学也很感兴趣,问他是在哪本辞典上查到的,要去亲自查看一下全文。可惜他已经记不确切是查的哪本辞典了。怎么办呢? 于是这位同学就回忆当时查辞典的情形。首先他想起是前天上午查到的,那天晚上他还为这事高兴了好一会。再仔细一想,噢,有了! 这个词是在《辞海》上查到的,其他那些辞典前天上午就都归还图书馆了。这样,通过时间上的联想,准确地回忆起自己查的是《辞海》,不是其他辞典。

（2）相似联想法：当一种事物和另一种事物类似时，往往会从这一事物引起另一事物的联想。把记忆的材料与自己体验过的事物相连结起来，记忆效果就好。

在外语单词里，有发音相似的，有意义相似的，这些都可以利用相似联想法来帮助记忆。

有一种集中识字的方法，可使学生在较短时间内习得许多字。这种识字法就运用了类似联想记忆法的道理，把字形、字音相近，能互相引起联想的字编成一组，像把"扬、肠、场、畅、汤"放在一起记，把"情、清、请、晴、睛"放在一起记。每组汉字的右边都是相同的，每组字的汉语拼音也有共性，前一组的汉语拼音后面都是"ang"后一组的汉语拼音都是 qing，这样就可以学得快记得住。

（3）对比联想法：当看到、听到或回忆起某一事物时，往往会想起和它相对的事物。对各种知识进行多种比较，抓住其特性，可以帮助记忆。这就是对比联想法。

同学们背律诗，往往感到中间两联容易背，原因就是律诗的常规是中间两联对仗。对仗常用这种对比联，例如"金沙水拍云崖暖，大渡桥横铁索寒"。又如唐朝诗人王维的《使至塞上》诗的中间两联："征蓬出汉塞，归雁入胡天。大漠孤烟直，长河落日圆。"相对比之处很多，由前一句可以很自然地想想后一句。据心理学家研究，儿童的对比联想十分丰富，比如儿童看电影，常常要问哪个是好人，哪个是坏人就是这个道理。因此，对比联想很符合青少年的记忆特征。

联想就是当人脑接受某一刺激时，浮现出与该刺激有关的事物形象的心理过程。一般来说，接近的事物、相反的事物、相似的事物之间容易产生联想。利用联想来增强记忆效果的方法，叫作联想记忆法。这是一种很常用的方法。

六、勤快的双手是记忆的保证

当代的心理学家蒂尔逊曾说:记忆和脑中其他广大范围部分有关。另外,身体运动与脑部作用也有着非常密切的关系。这就是说,手部或手指的运动不仅会刺激脑部,更重要的是促使记忆活性化。

很早以前,据说喜欢打毛衣或做女红的老太太,不仅长寿而且不容易痴呆。此外,钢琴家也很长命,而且很多人都头脑清晰灵活。我们经常看到一些老人拿着铁球一直在手中转来转去。这不仅是用来做保健,同时也是防止头脑迟钝有效方法。

虽然不知道其中艰深的理论,然而透过人们的体验,也能了解到手指的运动与记忆的关系。

因此,想要记忆什么事物时,如果一边记一边让手也动一动的话,效果应该会更好。因为这样,头脑也会跟着运动起来。

例如:要记忆英语单词的拼法或者中文意思时,如果只是用眼睛看或随口念念的话,很快就会忘记。但是,一面写、一面记住该事项,或平时经常书写该事项的话,是非常不容易遗忘的,万一忘记了,只要用笔或用手指做写的动作,那么很快地即会想起来了。不论是有意识或无意识,只要反复好几次重复动作,手就会把写的事项记忆下来。

写字时,会产生手的运动感,如拿笔时手指的压觉,移动笔时手指的动作等各种感觉。根据字体的不同,有的需要使用均等的力气来写,或者需要有运动感觉的微妙变化,这种变化,会轻易刺激与运动感觉有关的脑神经细胞。

如果说是用写来记忆或使用手的感觉来记忆,不如说手把写字时的感觉都记忆了下来,比较正确。

用双手记忆的最好办法就是记笔记,用一本笔记本记多种内容可增加记忆。

大部分学生做笔记的时候,都是一个科目用一个笔记本。在老师上课

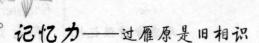

的时候,这种方法还可以用,但在整理笔记内容而做复习的准备时,这未必是一种好办法。

比如说,笔记本的第 1 页到第 10 页,作为记英语单词用,第 11 页到第 20 页则用来记数学笔记公式,第 21 到第 30 页,作为记历史的内容用。也就是说,把一本笔记本多元化,会增加记忆的效果。假若翻阅笔记本,每一页都是英语单词,音标,英文,句子。看了都会使人头痛。如果强行记忆,也会因为重叠效应而使记忆被抑制,即使花了很多时间效果依然很小。

一本笔记本多项内容,可以避免心理感受达到饱和的状态,还可以让双手感受到不同的记忆触点,不断地变化可以使记忆鲜明而持久。

另外查字典时,也是让手的运动感觉或触觉参加记忆的好方法。翻字典,并用手指在密密麻麻的字里行间找寻需要的词句,这时手的感觉与记忆内容成为一体,从而将语句的写法或形状记入脑中,而为以后提取记忆提供线索。把参考书等已学习的页数一角折起来,也是有效的记忆方法。虽然只是个小动作,但手的运动感觉会刺激脑,与翻字典的作用一样,会变成提取记忆时的线索。

当运用身体某部分记忆时,那部分相应的细胞也会跟着动起来,那么存在的记忆,也就和脑细胞的运动一起活跃起来了,只要这样做记忆也就稳定下来。

背圆周率时,可以手一边动一边走着来背。当把手张开到不能再开的时候,整个头脑就会活动起来。大家不妨也尝试看看。

记忆是相当微妙的东西。表面上看来类似的内容,实际上也许并不一样。而性质相同的内容集中在一起时,记忆很容易混淆,因此就很难造成再生的现象。心理学上称此为重叠效应。重叠效应一出现,记忆也就失败了。为了防止这种重叠效应,可以使用一本笔记本记多种内容的办法。

七、"唠叨"的嘴巴是记忆的基础

当代著名的美国心理学家托斯泰经过长期的研究表明："言语是不可或缺的心理宣泄方式,可防止记忆衰退"。

在现实中却经常遇见到这样的现象——大部分学生在读书的时候,都是以默读的方式来进行,因为一来默读的速度较快,二来默读也不会给其他人添麻烦。

然而,小说、评论之类的文章暂且不谈,辞典、英文、外语、诗、词等,一致提倡阅读时最好能大声朗诵。

尤其在头脑不是很清楚,模模糊糊的时候,大声朗读要记的事物,能引起神经及头脑的紧张,抑制头脑飞散的思绪,注意力才能集中,头脑才能做记忆前的准备。

据说在古代的德国,有一位语言学天才,他能在短时间内,学会许多国家的语言,用的便是朗读的方法。他一遍遍地大声朗读文章,一直念到深夜。

听说他因此被房东赶出门。结果,每一种外语,他仅用了三到六个月的时间,就全学会了。

不过,也许因为欧洲各国的语言,都是由拉丁文衍生、发展而成的,所以才能如此迅速习得。但无论如何,能在这么短的时间内,学会这么多国的语言,也实在令人佩服。

当我们要查某一个英文单词时,最好一面翻,一面发出声音念。这样,很快就找到了单词。因为在字典里面,所要查的单词旁边必定有许多类似拼音的单词,这很容易混淆我们的注意力,有时在翻字典时,忽然看见自己关心的单词,也会分散我们的注意力,往往就会忘记自己到底要查哪个单词。所以,在查字典时,口中不断念着要查的单词,一定能很快地找到,因为念出声来才能集中精神,经常确认自己正确与否。

在车上阅读时,若大声朗读,会给别人添麻烦,非常不便。但是,在自己家里，就完全可以毫无顾忌地大声朗读了。在朗读时，即使遇到自己不懂的单词，也可以先不管，继续读下去，以后有空再去查字典，如此，英文能力自然越来越强。

当我们刚开始学习英语的时候，几乎每个单词都不得不查字典，非常麻烦，心里觉得颇有挫折感，十分失望。但别怕麻烦，一次一次地查，渐渐的，查字典的机会就越来越少了。千万不要灰心，只要经过了这段时期，自然会产生学习语言能力考核成绩的好方法。

八、透彻的理解是记忆的捷径

如果留意现实,我们就会经常听到有的家长这样说:"你看看邻居家的孩子,虽然脑子有点笨,但人家靠死记硬背,同样也能取得好成绩,你就不能学学人家吗?"其实,这样的说法具有一定的片面性,往往这样的家长看到的只是事物的表面。根本就意识不到,这样的死记硬背其实就是一种幼稚病,它会使一个正在发展的孩子停留在幼稚阶段,使他们智力迟钝,阻碍才能和爱好的形成,最终导致孩子成为一个典型的书呆子。所以,一贯的死记硬背是有害的,而在青少年期则是尤其不可容忍。青少年要通过透彻的理解,达到记忆的目的。

理解是记忆的基础。只有理解了的东西才能记得牢记得久。仅靠死记硬背,则不容易记得住。对于重要的学习内容,如能做到理解和背诵相结合,记忆效果会更好。

我们在上课时,能够深入了解,历史背景比理解力低、仅仅能够记忆课本条文的学生,更能够保持长久而正确的记忆。这就是说:能够理解,记忆也就能长久。

动脑筋思考是理解记忆的核心,因为只有动脑筋思考才能达到理解。那么,怎样才算是理解了所记忆的材料或事物呢? 就记忆一篇文章来讲,应该做到如下几点:

1. 能清楚了解文章的结构,即文章由哪些部分组成,每一部分起什么作用,各部分之间是怎样相互作用的。

2. 不仅懂得文章的表面意义,而且也能懂得内在的意义,诸如弦外之音,讽刺与幽默等内在包含的意思等等。

3. 能解释文章所阐述的问题发生的原因,某一问题产生的后果,或说明某一问题的依据。

4. 能就文章所提出的问题来回答。一般来说,在没有理解所记忆的内容时学习者是体会不出什么问题的,或者是漫无边际的乱提问题,当然也就是很难回答问题。

真正做到加强理解要注意几个方面:

(1)要善于将头脑中的知识与所要记忆的知识相沟通,建立起新的联系。

(2)要善于利用头脑中的知识,利用已获得的经验。过去的经验或知识越是丰富和多样,就越有利于加深理解。

(3)要善于利用例子来说明问题。当然,在消化知识的开始阶段,所列举的例子可能是文章上的,但也不应满足于此。应该开动脑筋,自己想出一些例子来,达到"举一反三""触类旁通"的目的,这样做是养成独立思考习惯的必经之路。

(4)所记忆的内容要能在实践中应用。理解了的知识不会应用,或者一遇到问题就束手无策,这就不能说是真正理解了。真正地理解就在于能解决问题,善于运用所获得的知识来分析实际问题,而且,应用的次数越多,也就越能加深理解。

总的来说,只有像以上所说的那样,再去记忆,才能让新知识、新信息编入大脑皮层的知识密网之中。

不要为自己的记忆力不好而灰心,应该反复检查自己是否真正理解了所要记忆的东西。理解一件事,在记忆的感觉上好像在走远路,事实上,它却是培养记忆力最快的捷径。

第八章 增强记忆的最佳时间

人的记忆力要比自己想象的好得多。多数人的单向发展,并非天生无能,而是大脑的一个半球没有像另一个半球那样有机会得到锻炼而发展。大脑犹如一望无垠的照相底片,等待着信息之光闪现;如同浩瀚的汪洋,接纳川流不息的记忆之"水",而永无"水"满之患。"良好的方法能使我们更好地发挥天赋的才能,而拙劣的方法则可能阻碍才能的发挥。"不管做什么事情,都需要选择和创造合适的方法,提高记忆力亦如是。

一、头脑清醒有利于增强记忆

美国某著名记忆研究学家说:"清醒的头脑更有利于增强记忆。"举个例子,如果不熬夜记下了五件事情,然后去睡觉,睡眠中可能会忘记一件,到了第二天早晨却还记得剩下的四件事情;而如果熬一整夜去记下十件事情,但因为没有睡觉而忘了八件事情,结果只剩下了两件事情,这自然是得不偿失。

一般人白天学习、工作,晚上睡觉,但是每个人的头脑,都有不同的工作规律,因此,想要使自己的记忆力发挥更大的功能,了解头脑的工作规律是非常重要的。一般人的头脑工作规律大致可以分为两大类型,就是夜晚型和清晨型。如果是属于夜晚型的人,就应利用长夜来记忆,到早晨再睡觉。反之,如果属于清晨型的人,晚上就应该提前上床,先获得充分的睡眠,第二天一大早起来就可以集中精神记忆。这是一种相当明智的做法。

如果半夜醒来后不想睡了,那就不要逼着自己睡,因为越强迫越睡不着,这时,可以坐起来复习当天必须记忆的内容,使记忆增强。一般来说,在记忆后 9 小时内复习,能够增强记忆,而且复习的时间越早,效果越好,睡眠 3 小时后醒来正是复习功课的最好时机。当然,如果刻意半夜起来看书,那就不太好了,因为每天这样会导致睡眠不足,影响第二天上课。

考试时,常会发生这种事,明明前一天晚上已经充分准备好了,早晨去考试,一看到发下来的卷子时,自己却怎么也想不起答案来。

关于遗忘率,德国心理学家达登堡曾作过这样的研究:完全记住的东西在 20 分钟后,有 42% 已经忘掉;1 小时后遗忘率达 56% ;9 小时后则达 64%。实验是将一些无意义的文字排列在一起做的,如果是有意义的文字,遗忘率会低一点,但在基本原则上,人的记忆有遗忘倾向是绝对不会错的。因此,为了保持记忆,就一定要在遗忘率尚未达到较高值时再给予新的刺激。

因此,早上醒来,如果不到起床时间,最好复习一下昨夜所记的东西,虽然睡眠中记忆痕迹会逐渐消失,但是,只要能在第二天考试之前,再稍微复习一下昨夜所读的重点,就能立刻唤起昨夜的记忆,使你能从容地应付考试。

法国某著名的记忆研究家佛哥特近日进行了有关记忆量和记忆时间的关系的调查。结果证明记忆量增加 2 倍时,所需要的时间就要增加 4 倍;若记忆量增至 3 倍,时间就要高达 8 倍。一句话,学习时间同记忆量的关系成正比例。

对一般人来说,当记忆的材料增加了 2 倍时,要花的时间可能会增至 4 到 5 倍。

如果把这个原理应用到学习上,假如 30 分钟能记 50 个英语单词,可能就会使人产生一种轻率的想法:"照此进度学下去,再背 200 至 300 个单词也不成问题。"结果再背 50 个单词竟花了 1 个小时,如果不抓紧时间,费时还会更多。

有些学生被考试逼得走投无路时,总想利用开夜车来一鼓作气记下大量的东西,遗憾的是这样做往往收不到预期的效果,因为学习同一内容时间过长会使学习效率大大降低。不了解这一点,而总是埋怨自己"为什么老记不住"是不现实的。方法不当,结果会适得其反。

开一晚上的夜车也只有几个钟头的有限时间,时间分配的错误,将导致我们的努力付之东流。在这种场合,如果明白了"需要的时间等于内容量的几倍"这个原理,我们就不会继续走死胡同了。学习疲倦时,可以换换气氛,改变一下记忆的内容,由记英语单词改记数学公式,以利于记忆的继续进行。

那么怎样合理安排时间呢?

上学前的清晨与放学后的晚上,是大可利用的富裕时间。清晨,头脑清醒,往往是识记的最佳时间。"一日之计在于晨",要抓住这个有利时机识记新的内容。识记是记忆的基础。要想成功地提高记忆能力,首先必须从识记入手。所谓"记忆",包括"记"与"忆"两大组成部分。记是"忆"的前提,没有"识记",不可能有"回忆"。所以,识记,是成功记忆的最重要一环,把它放在清晨,再适当不过了。当然,这里也可能存在着细微的差异。有的人,在刚刚醒来时识记效果最好;有的人,则在醒后过一段时间,识记功能才会逐渐达到巅峰状态。但总的说来,清晨识记东西特别快,却是一个基本事实。

夜间,思维活跃,往往是理解的最佳时间。心理学研究表明,晚上 8 点到 10 点，人们的大脑皮层处于最兴奋状态，记忆系统最为活跃，对信息的回收能力也最强。借此良机，最好去重温早上识记的内容，这样，就能记得更牢。

人们常说"时间就是金钱，时间就是效率"，合理利用时间是每个人的愿望。记忆也是建立在时间的基础上的，合理利用时间，选择最佳时间进行记忆，将会大大提高我们的记忆效率，增强记忆力。

二、心情好时可增强记忆

美国当代的生物学家哈特. 莱茵曾说："良好的情绪可以激发脑肽的释放,是增强记忆学习的关键动力。"这是说一个人在保证营养、充分休息、进行体育锻炼等保养大脑的基础上,科学用脑,防止过度疲劳,保持积极乐观的情绪,能大大提高大脑的工作效率。这是提高记忆力的关键。

像成年人一样,孩子们的心情也总是变幻不定的。生活中的诸多因素,如外面的娱乐、环境的干扰、生活的变化等等,都会对孩子的学习和记忆起消极的作用,使他们对学习和记忆感到枯燥乏味,厌烦至极。

那些看到同伴似乎从不用功苦读却成绩优异的争强好胜的小学生,总是自视甚高,你可如此,我为何不能。那些迷恋于电视游戏节目的贪玩孩子,总是固执地认为学习就像玩游戏那样,可轻而易举地成功。

孩子们的天性使他们容易沉溺于愉快的游乐之中,而厌恶枯燥的学习;幻想则使他们不切实际地估计自己的能力,难以做到正确的自我评价。这些来自各个方面的干扰,对孩子们的学习和记忆均会产生不利的影响。因此,一定要控制这些不利因素的影响。

对于许多父母来讲,收录机或电视的干扰是一个非常令人头痛的问题。家长总是看到孩子们边看电视边做作业,而孩子们却错误地认为这样做没任何害处。

事实已经表明,学习过程中因注意力不集中而造成的心神不安是相当消耗精力的。因为,人的记忆过程像其他任何生理过程一样,是身体能量的消耗过程。如果孩子同时做两件事情,那么,他在完成必要的记忆过程时,需要多付出一部分能量用以克服干扰,从而增加了身体能量的消耗,致使他很容易感到疲劳。所以,为了成功的学习,为了成功的记忆,家长必须告诫自己的孩子,应把全部精力倾注于眼前的学习之中。

有人做过这样的实验:一组人,坐在舒适的椅子上,甚至半仰着身子,在那里读书;另一组人,坐在硬板凳上,从事紧张的演算工作。过了一段时间,前一组人很快就疲倦了,产生一种昏昏欲睡的感觉;而后一组人,注意力集中,精神亢奋。结果,后一组人记忆效果要比前一组人高了10%。

心理学家把这种情形概括为"紧张状态"理论。这一理论认为,一个人只有在"紧张状态"下才能使某些行为,某些目的得以完成。这里所说的"紧张状态",是指某种行为向完成状态过渡的趋势。这个时候,人的兴致最高。这个时候,人的记忆功能也最有效。

心理学家又根据紧张状态理论做了进一步的实验。实验要求被试者在规定时间内背一组数据,进行到一半的时候,突然打断他们,再给一些新的数据,要求他们限时记忆。结果,不管是先记的,还是后记的,记忆效果都不好。相反,如果让他们连续记忆一组数据,中间没有任何干扰,就会记得很牢。

这个实验说明,连续记忆一组单词,被试者就会全身心地投入到记忆目标中,因而记忆效果最佳;假如中间加入干扰,打断了"紧张状态",必然影响记忆效果。

因此,从理论上说,寻找借口,放松自己,实际上就破坏了记忆系统的"紧张状态",使之不能连续正常工作,结果浪费了时间,什么事都干不成。

鉴于这种情况,我们应该做到以下几点:

1. 控制不良情绪

这个问题看似简单,却相当重要。只有解决了这个问题,孩子才能在改进记忆能力方面把步子迈得更大一些。为此,下面扼要地介绍一下控制情绪的三个步骤:首先:当孩子产生某种滞涩情绪时,家长应首先让孩子敏感地意识到:"我正被某种奇怪念头转移奋斗目标。"

如果孩子迎合了这种滞涩的情绪,无疑就是向某种奇怪的念头屈服了。这些奇怪的念头多种多样,也许是想读小说,也许是想看电视,也许是想听音乐,也许是想聊天。不管它是以什么形式出现,其目的只有一个,就是迫使孩子成为它的奴隶,阻止孩子完成业已确定的任务。

如果想要孩子提高记忆力,就需要有一种明确的意识:决不能让形形色色的奇怪念头左右孩子,决不能让孩子轻易地放纵自己,沦为情绪的奴隶。

其次:尽快着手完成目标

奇怪的念头，随时都会出现。它是前进道路上的陷阱。稍有不慎，孩子就会陷入这个难以自拔的圈套。今天，孩子可能仅仅推迟了一两分钟，明天，孩子就有可能推迟一两个小时，长此以往，孩子推迟的时间必然会越拉越长，无端地消磨宝贵的时光。

因此，要时刻保持清醒的头脑，凡事不能有片刻的迟疑。要尽快着手完成既定的学习任务。

最后：不受干扰，继续学习

不要误以为已经掌握了情绪的前两个步骤，就不会再受情绪的干扰了，就可以轻松一下了，这是大错特错的想法。

学生在考场上过分紧张就不能正常发挥，运动员在比赛时过度紧张就可能丢掉拿冠军的机会。可见，情绪对记忆力和临场发挥有很大影响。

科学家们进行了很多有关焦虑与学习效果关系的研究，"焦虑"属于不愉快的情绪，烦躁不安，类似恐惧，但程度不太强烈。心理学家选取它作为情绪指标，研究的基本结论是：

适度的焦虑能发挥人的最高学习效率。焦虑太低或太高都不能取得良好的学习成绩。

就情绪的一般差异情况而言，一般情况是：平时焦虑较少者，情绪不易波动；情绪较为稳定的人学习效率要比焦虑者高。

一般说来，比较简单的学习可以因有情绪压力而提高效率，但复杂的工作则可以因有情绪压力而降低效率。

情绪与学习效率的关系非常复杂，它是由多种因素决定的。例如，惭愧时往往是面红耳赤、唉声叹气，但它也可能使人痛改前非，产生奋起直追的动力。

情绪对学习效率的作用，已经包括了一部分记忆的因素。而就情绪与记忆的直接关系讲，也是密不可分的。所谓"不堪回首""心有余悸"都是在说回忆过程中的情绪反应。

情绪记忆是记忆的一种类型。每个人都有情绪记忆的能力，只是强弱不同。情绪在记忆过程中发生着重要的影响，这种影响表现在积极的和消极的两个方面。

在记忆过程中，如果说我们能发挥情绪记忆积极的一面，认真地体验识记材料中那些带有色彩的或容易激起人们情绪的事物，就会大大提高记忆的效率。

根据情绪在记忆活动中所表现出的两极性，我们应该因势利导，在进行学习和记忆时,排斥不良情绪的影响,保持良好的情绪。而当我们处于消极情绪的状态时,首先不是勉强去记,而是要力争尽快调节这种状态。

2. 调节好情绪

以下几种情绪的调节方法仅供参考:

(1)心理调节法:情绪往往与每个人的性格习惯、思想修养、道德情操、文化水平等因素有关。坚定的信念、高尚的道德、重大的使命等会有效地控制情绪。当你的不良情绪萌发时,你可以想一想自己的远大理想、近期目标,然后再想到引发不良情绪的事物,你会发现这实在不值得(忧虑、暴怒、懊悔、骄傲)。这是自我说服、自我暗示法。心理调节的另一种方式,就是设法转移注意力。因为情绪常伴随感觉发生,而注意力是良好感知的重要因素。苦闷时、发怒时大脑中都有相应强烈的兴奋点,这时需要建立另一个兴奋点。如有意识地听一段音乐,看一场电影,或者找朋友们谈谈话、玩一玩,都有利于情绪的镇定。

(2)环境调节法:客观环境的好坏对调节人的情绪非常重要。在幽静的公园里,人会感到心境恬淡;在阴森的胡同里,可能产生恐怖的情绪。环境调节法包括两个方面:一种是改善环境法,如对自己的住宅、教室、办公室等,花一些时间摆设、打扮一番,从布局、色彩、光线到声音都达到使人愉快的标准;另一种是转移环境法,与某人闹别扭,可以暂时到别的地方去散散心;教室里自习不安静,可以到图书馆、阅览室去。总之,当情绪不好与环境有关时,应该尽快换个环境,所谓"眼不见,心不烦"。

魔力悄悄话

语言是人的情绪体验的重要工具,人的一切概念、感受和状况都可用词语来表达,包括口头语言和书面语言,对调节和控制情绪都有很好的效果。总之,情绪与记忆关系密切,并且情绪的好坏可以自己调节,因此我们应该注意在学习中保持积极的情绪,以提高记忆的效率。

三、空腹或饱腹时不利于记忆

法国的生理学家杰尔利亚通过长期的实验得出结论："吃饱饭后,胃部的活动旺盛,脑部与全身的活动反而会迟缓。当脑细胞的活动迟缓时,记忆力就会降低,但是等到胃部的活动减缓,血液重新由胃向脑部回流时,是记忆的最佳时机。"所以,他从生理学的观点出发,建议大家"在饭后最好稍微休息一下,如此,不但有助于精力的贮存,而且还对增强记忆力大有帮助"。

那么空腹或饱腹为什么会影响脑细胞的活动呢?

众所周知,葡萄糖是人们通过饮食而摄入的营养成分。学习、记忆等高级脑力劳动自不必说,就连为生存而进行的呼吸,以及各种活动也需要以葡萄糖为能源。

实际上,脑部在人体中是消耗能量相当多的部位。脑本身的重量只占全身的百分之二点五左右,但消耗的能量却相当高,占百分之十八。脑还有一个格外需要葡萄糖的理由。这就是葡萄糖在脑以外的其他脏器,被无氧分解,而在脑里,则是被有氧分解。

这是什么意思呢? 葡萄糖在大脑以外的其他器官中,分解后会变成乳酸。乳酸被送到肝脏,再变成葡萄糖。所以,可以经受某种程度的反复使用。但是在脑部,葡萄糖被分解成二氧化碳和水,所以,无论如何需要通过饮食进行补充。

在白天,不光要用脑,还要消耗体力,因而,早餐用过5—6个小时之后,就会产生空腹感,自然需要吃午饭。到了晚上要好一些。和白天相比,体力消耗少,而且一般人到晚上都能够休息。但准备应试的考生却不行,所以当然晚上要吃夜宵了。

假如不吃夜宵,那么到了清晨,糖原几乎会被消耗殆尽。因此必须要吃早饭,为当日的活动储备能量。越是学习的人,越要吃得好。这是身体的需要。

有人曾做过这样的实验:把早餐吃葡萄糖的学生和不吃葡萄糖的学生

的成绩进行比较,结果表明,早餐摄入足够量的葡萄糖的学生,成绩相当好。

这就是说,进餐后,血液中葡萄糖含量一旦增高,记忆力也会与之成正比,相应提高。由此可知,饿着肚子坚持学习,是多么的不讲求效率。

虽说葡萄糖能提高记忆力,但是饭后马上开始学习,却只能得到相反的结果。实际上,进食后,食物经过消化、吸收,在体内转化为葡萄糖,大约是在饭后两个小时,然后,大脑可以高效率地工作 3 个小时。也就是说,饭后 2.5 小时是最佳学习时间。

另外,体内的葡萄糖,贮存在肝脏和肾脏的时间大约是 8 小时。所以,前一天晚上吃得再多,第二天早上如果不吃早饭,血液中的葡萄糖含量还是处于低水平,因此,不管你怎样用功学习,也不能期待得到太好的效果。

总之不论空腹或饱腹,都同样会妨碍记忆。所以,常开夜车的人,如果能抽出一点吃夜宵和休息的时间,其他的时间集中于书本里,相信必定能提高记忆的效率。

人和动物在空腹时的情形一样,动物在饥饿的时候,会全身失去平衡,注意力降低。人类也一样,肚子饿的时候,也是记忆力最糟的时候。有些人认为,为了记忆而特意去填饱肚子,实在太浪费时间了。但是空腹时对记忆确实没有什么好处。

四、利用点滴时间记忆

美国的记忆研究学家杰尔逊曾利用了三年的时间,做了这样一个实验:他的研究对象是一个高一班的全体学生,其研究的目的是为了看看这些孩子是如何来利用自己的时间,进行记忆。随着孩子年级的增长,他也在不断地研究。高考结束后,他发现:同样的时间所产生的记忆效果,对不同的人来说往往很大的相差。其实,这里只是一个合理安排时间的问题。一直名列前茅的这个孩子,并不是他比别人聪明千倍或是万倍,最重要的一点是他比别人会合理地安排时间。他知道早晨是人记忆的黄金时间,利用这一时间记忆外语单词、课文及语文中的字词,背诵一些内容会有较好的效果……

如果经过一段长时间的学习之后,大脑就会疲劳,它所引起的最显著后果,就是破坏学习的良好心理状态,导致学习效率降低。怎样才能防止大脑疲劳,使心理状态维持在最佳的程度呢? 要变换工作方式和学习内容。

18 世纪法国某杰出的思想家在他的自传中写道:"应当承认,我不是一个生来适于记忆的人,因为我用功时间稍长一点就感到疲倦,我甚至不能连续半小时集中精力于一个问题上。如果我记忆一位作家的著作,刚读几页,我的精神就会涣散,并且立即陷入迷茫状态。即使我坚持下去,也是白费,结果是头昏眼花,什么也看不懂了。但是我连续研究几个不同的问题,即使毫不间断,我也能轻松愉快地一个一个地寻思下去。这一问题可以消除另一问题所带来的疲劳,用不着休息一下大脑。于是我就在我的计划中充分利用我所发现的这一特点,对一些问题交替进行研究,这样,即使我整天用功也不觉得疲倦。"

因为学习是由大脑的不同部位支配的,变换学习的方式和内容可以使大脑皮层的某个部位由抑制状态转为兴奋状态,从而解除神经细胞的疲劳,使大脑得到休息。一般来说,一门功课记忆时间 1 - 2 小时左右为宜,换记另一门功课时,中间最好休息 5 - 15 分钟,这样既可减少前摄、倒摄抑制,又可使大脑得到适当休息,从而提高学习效率。

另外,时间的分配上还要注意,像饭前饭后等一些较短的时间,最好用来记一些外语单词、历史年代等偏重记忆的内容,而上午、下午和晚上较长的时间,可用来复习数、理、化等偏重于理解的科目。

一般的同学对时间的利用往往只注意整段时间,而忽略了零碎时间。殊不知,科学地利用零碎时间,既不会使大脑疲劳,又不影响别的工作和学习,能大大提高复习效果。利用零碎时间的诀窍:一是重视,二是坚持。具体的方法,同学们可以在学习中自己摸索。

俗话说:"动中有静。"当一个人处在陌生的人群中,所感受到的孤寂感比独处时更为强烈。从心理学的观点来说,在一个和自己无关的场所里,周围的喧嚣会形成一种压迫感,导致一个人的注意力倾向于自己的内心。因此,人在等车或乘车显得孤寂时,正是记忆事物的最佳时机。

人总有让别人等你的时候,也有你等别人的时候。就餐排队时,买票排队时,候车时,都是你无事可干又无可奈何的时候,这时候,最好口袋里放一本写着记忆内容的小本子,抓紧时间学习与记忆。

下面介绍几条有效利用时间的原则,供同学们参考:

1. 信息原则。没必要的信息就不要在有限的时间内作出恰当决定。

2. 目标原则。确定目标十分重要,因为在不清楚自己到底该朝哪个方向努力时,很容易误认为所有的路都会通向成功。

3. 行动原则。任何目标的实现都离不开坚持不懈的具体行动。

4. 协作原则。所有聪明的管理人员和领导人物,都必须学会将一部分责任分给其下属人员去承担。

5. 集中原则。如果在一定时间内集中精力重点处理某一项工作,其效果会比你同时处理多个问题要好得多。

6. 倡导原则。如果你希望发生某种情况或出现某种局面,你应该积极作出行动。

7. 计划原则。如果你提前为某事制订详细的行动计划,其结果一定会更令人满意,并往往比预期的还要好。

8. 守时原则。如果你自己不遵守时间,也不要指望别人遵守时间。

9. 简单化原则。当你有多种方案选择时,最简单的往往也是最好的。

10. 矜持原则。一位优秀的管理人员在面对任何人的种种要求时,他绝对不会总持迁就态度。

11. 形象思维原则。只有锻炼出较强的形象思维能力,才能及时察觉任何风吹草动,防患于未然。

总之,如果不是在劳逸结合、改进方法、提高复习效率上下功夫,而是在拼体力、开夜车上打主意,是不可能把复习搞好的。

时间对每一个人来说都是公平的,但只有能抓紧时间、合理利用的人才能够成为时间的主人。合理分配时间,注意劳逸结合,善于交替用脑,对我们的记忆也很有帮助。

五、利用与人讨论的时候记忆

现在的学生,无论是获得知识,还是增强记忆的作业,都是在孤独中完成的,而且所得到的知识,很少有机会从自己的口中说出来。这些知识就像栽培在温室里的幼苗,一经编成试卷这样复杂的处理,就会萎缩或干枯。例如:如果一面读历史课本,一面读传记,就可以将历史课本上片段而抽象的模糊记忆,变成有血有肉的确实记忆。

同理,和朋友谈话时,若能交换知识的内容,会使得"尚未扎根"的记忆和"没有信心"的记忆,经由交谈而变成确实的记忆,固定在脑海里。

可见,用这个办法,可以达到弥补各人拿手与不拿手的科目,自己做不出来的题目也能做出来了。因为相互提出解答和观念,经过彻底讨论之后,能明白解题的过程,印象自然十分深刻,不会忘记。在解题的过程中,相互刺激,有时会引出意想不到的事物或问题的本质,从而彻底地融会贯通。这样所得的知识,是踏实的、属于自己的东西,能自由的活用。而且在和众人讨论的过程中,也能获得其他的相关知识。

除此之外,也可以两三个人,各拿英文单词卡,来比赛记忆,由一个人问,另外的人回答,以增强自己的记忆力。而且,尚未完全记好的单词,也能借此机会确以。

仅靠自己一个人,想要记忆书本的全部知识是很困难的,故需把笔记一次又一次地反复背诵,有时耗费很大的工夫,效果却不一定显著。两三个人相互帮助,取长补短,效果会好得多。事实上,利用群体,以开学习会或读书会的方式来学习,确实能达到最好的学习效果。

不过,讨论会的人数不可太多,因为如此一来,就有人没有发言的机会,最好两个或三四个人一起讨论效果最佳,若超过这个人数,必定会由一个人霸占主导权,而比较不爱说话的人就没有机会发言了。

因此人数太多时,占有主导权者,也须考虑给不爱说话者发言的机会。

有时,想写自己的意见,或是想对大家发表意见,到半途却又忘了自己要说什么或想写什么。主题变得四分五裂,乱七八糟,这正显示出自己并没有完全了解真正的旨意,充其量不过是片段的思考罢了。可见,光是脑中思考事情是靠不住的,所以,一定要一面训练自己书写意见的能力,一面训练自己说话或发言的能力,否则我们所获得的知识永远不能为自己所有。

我们一边读历史一边读传记,可以把片段而抽象的历史连贯起来,达到自己目的的同时也和朋友进行了交流,交换了知识情报。那些难以确实记牢的知识,以及缺乏自信的记忆都以通过这种谈话程序,而牢牢稳定在你的脑海中。

我们记忆由自己一个人所获得的知识,不论在时间空间上都非常主观。例如自己刚刚选购的皮鞋,在无法接受第三者的评价以前,不知道是否合适美观,一直要穿到脚上,你的朋友才会作出评论,告诉你这双鞋子合不合适。一种新吸收的知识,经过和朋友交谈,才能证明这种知识是否正确。而且不论是否正确,交谈之后都会加强印象,明白其中的是非道理。

现在一些学生在读书时,不论做什么功课都采取孤立状态,因此所获得的学问和知识,有如在墙角的幼苗,得不到阳光雨露、大自然的精华,而长得瘦弱枯黄。

要想避免这种情况的发生,就要经常找知心好友聊天,交换最近的读书心得,这是最有效的读书方法。即使是模糊不清的记忆,经过谈话之后,也会变成确实的知识。

即使读相同的功课,每个人的理解情况也会不同。例如你记得模模糊糊的东西,你同学却知之甚详,相反也是如此。由于此种讨论,可以互相弥补各自的弱点,补充自己的新知识,整理自己的旧东西。"所谓记忆,愈使用愈确实",这是读书的一大原则,和同学、朋友讨论读书心得,最能加强你的记忆。

第九章
各学科的记忆方法

　　青少年在成长过程中,他们的学习动机、学习态度、学习兴趣和学习能力等方面都会得到新的发展。他们的记忆力逐渐过渡到成熟阶段,不但在单位时间内的记忆量随年龄而持续递增,而且在记忆目的、内容和方法上也呈现新的特点,因此,不同的学科要用不同的方法增强记忆。

一、利用联想巧记语文知识

我们在生活、工作、学习中，经常需要记住一串的信息。如：一群人的名字，一连串的地名、书名……这些信息之间又没有什么有机的联系，很难用固有的经验和知识去理解和记忆，那该怎么办呢？

我们承认"好记性不如烂笔头"的说法，但不是什么时候手都会有用"烂笔头"的条件，因为你未必随时都能记好"备忘录"并带在身边。比如，你就不能带上"备忘录"去考场。总之，需要你牢记的事物经常会发生。有备无患，能记住岂不更妙。

所以，在语文学习的过程中，对于不同的内容要采用不同的记忆方法，其中最奇特的一种方法就是联想法。

联想的方式很多，可以进行横向的相关联想，例如，从一个作家可以联想到他所处的朝代、作品、出处、对这个作家的评价等；从一个朝代可以联想到与他同代的作家、作品、时代背景、作品风格等。还可以进行纵向的相关联想，例如，由一部作品可以联想到作品的文体、内容、主题、写作手法、名言警句等；由介词的功能联想到介宾短语的特点，进而联想到"介宾短语一般在句中充当状语或补语"这一句子成分的划分方法等等。运用联想记忆的方法可以把许多知识联系起来，贯穿成线，形成知识网络，便于我们在记忆知识时顺藤摸瓜，由此及彼地记住所学的相关知识。

另外在记忆语文知识的时候，我们还可运用自己丰富的联想能力将所要记忆的知识编成口诀。

例如：可以用"名动形、数量代、副介连助叹拟声"的口诀来记住实词、虚词；可以用"副词放在动形前，介词落在名代前"的口诀来记住副词与介词的区别；可以用"叹词在句首，语助在句尾"的口诀来记住叹词与语气助词的区别；可以用"定语必在主宾前，谓前状语谓后补；'的'前定、'地'前状、'得'字后边是补语"的口诀来记住单句句子成分的划分方法"。

又如：可以用"本义引申语境义，结合中心作分析"的口诀来记住对句中

记忆力——过雁原是旧相识

重点词语的分析方法；用"句式特点与功用，结合中心与语境"的口诀来记住对不同句式或不同修辞句的含义及作用的分析方法。用"总分并，时空逻，中心句，自概括"的口诀来记住对说明文段落结构的分析及对段意、层意进行概括的基本要领。

运用形象联想化地表达写作的步骤，犹如一级级登山，一层层剖析了每步的要点，使学习写作的人思路清晰，明确了审题、中心、材料、结构等知识的内在联系和运用，不但易记，而且印象深刻不会忘记。

二、利用窍门强记英语单词

江西省有一高中的毕业生叫石樊,他不仅是 2003 年高考的状元,而且还是个"英语天才"。据说他一个小时就能记上百个英语单词,其主要原因是他善于抓住单词的构词规律和读音的规则。

其实,在英语中存在着大量的有规律可循的内容。这一点,我们能从英语的由来中便可知一二。由于英国历史的发展和变化,英语中吸收了大量的拉丁语、法语、希腊语、德语等外来词汇。有不少词有相同的词根,读音也相似。英语的构词和读音等方面有很多规则,归纳构词规律和读音规则是快速记忆单词的科学根据之一。现分别介绍如下。

1. 前缀记忆法

所谓前缀记忆法,就是把前缀同其后面的词(不是词根)分开,达到记一个词就等于记住两个词的目的。

il – 表示"不,非"

illicit 违法的

licit 合法的

mal – 表示"不,非"

maladroit 笨拙的

adroit 灵活的

2. 后缀记忆法

所谓后缀记忆法,就是把后缀同其前面的词(不是词根)分开,达到记一个词就等于记住两个词的目的。

defend 维护

defendant 被告

assist 援助

assistant 助手

3. 混成记忆法

所谓混成记忆法，就是把某些既能当前缀又能当后缀用的词缀同具体词联系在一起集中强化记忆，扩展词汇量。

（1）前加 en：

large 大的

enlarge 扩大

海湾

engulf 吞没；席卷

noble 高贵的

ennoble 使崇高

（2）后加 en：

hard 硬的

harden 硬化

hardener 硬化剂

soft 软的

soften 软化

softener 软化剂

white 白色的

whiten 漂白

whitener 漂白剂

deaf 聋的

deafen 变聋

deafener 消音器

4. 释义记忆法

所谓释义记忆法,就是把词缀同其相连词汇的关系予以解释,从而强化记忆,扩展词汇量。

(1)前加释义:

所谓前加释义,就是把前缀同其相连词汇的关系予以解释,从而强化记忆,扩展词汇量。

pro……表示"在……之前"

fane 神殿

profane 不信神的;不敬神的;世俗的;亵渎的;外行的;没有专业知识的

profane 亵渎;玷污

现以前缀 ad – 为例,进一步探讨前加释义的意义和作用。

ad – 表示"强调"

apt 适当的

adapt 使适应

opt 抉择

adopt 采纳

verb 动词

adverb 副词

前缀 ad – 在某些辅音字母之前发生同化作用,ad 改为 af,ag,al,ap,ar,as,at,在其他辅音字母和元音字母前前缀 ad 不变。

ad——> af

fray 吵架

affray 闹事

ad——> ag

grieve 悲伤

aggrieve 悲痛

a——> al

lure 诱惑

allure 引诱

ad——> ap

peal 钟声

appeal 恳求;呼吁

ad——> ar

rear 后部的

arrear 尾数;拖欠

ad——> as

sure 确信的

assure 使确信

ad——> at

tach 扣;钩

attach 缚;系

（2）后加释义：

所谓后加释义，就是把后缀同其相连词汇的关系予以解释，从而强化记忆，扩展词汇量。

– arium 表示"作……用的地方"

herb 草本植物

herbarium 植物标本馆

planet 行星

planetarium 天文馆

– ite 表示"……的产物"

jade 玉石

jadeite 翡翠

meteor 火星

meteorite 陨星

（3）间接释义：

所谓间接释义，就是首先从某一具体词汇中间找出一个词，然后对该词添加前缀和后缀的关系予以解释，从而强化记忆，扩展词汇量。

confiscate 没收;归公

con – 表示"共同"

– ate 动词或形容词后缀

fisc 国库

把一切都收归国库所有,其含义便是"没收;归公"

pandemonium 魔窟;骚动;混乱;嘈杂

pan – 表示"泛"

 – ium 表示"……地点"

demon 魔鬼

魔鬼聚居的地方,其含义便是"魔窟;骚动;混乱;嘈杂;乌烟瘴气;乱七八糟;无法无天"。

5. 特例记忆法

所谓特例记忆法,就是把某些形似词缀的字母组合看作是该词缀的特例予以强化记忆,扩展词汇量。

(1)前加特例 re：

build 建设

rebuild 重建

前缀 re 添加到一个已知词的左侧时表示"再;又",例如建设与重建这两个词。如果知道单词的含义,也就能知道该单词添加前缀之后的含义,我们称之为前缀的一般情况。而所谓的前加特例,就是把某些形似前缀的字母组合看做是该前缀的特例予以强化记忆。

peal 泥炭

repeal 重复

search 寻找

research 研究

veal 小牛肉

reveal 揭露

(2)后加特例 er：

work 工作

worker 工人后缀 er 添加到一个已知词的右侧时表示"……者;……人",例如"工作"和"工人"这两个词。如果知道单词的含义,也就能知道该单词添加后缀之后的含义,我们称之为后缀的一般情况。而所谓后加特例,就是把某些形似后缀的字母组合看作是该后缀的特例予以强化记忆,扩展词汇量。

> broth 肉汤
> brother 兄弟
> mast 桅杆
> master 主人
> mist 薄雾
> mister 先生
> moth 蛾
> mother 母亲
> numb 麻木的
> number 数目

坦率地讲,只要有利于单词的记忆,大家可以想尽一切办法,有时甚至可以忽略它们有无科学道理。同学们可以在学习单词当中,自己有意识地总结,探索出对自己来说行之有效的单词记忆方法。

在当今知识爆炸的时代,掌握一些知识的记忆方法很重要,这些方法能使你对知识的理解更深刻,识记的速度更快,掌握知识也更牢固,更全面。选择适合自己的记忆方法增强记忆,往往能够获得更好的效果。

三、利用规律活记政治知识

美国当代的记忆学家马尔杰克曾说"谚语是记忆政治的助记法。"所以，他指出在政治学习，特别是难度比较大的知识点，如能利用谚语，不仅会加深对所学基本原理的理解，而且许多难题就能迎刃而解。

采用这种记忆方法的优越之处有以下几点：

第一，可激发自己的学习情趣，调动学习的积极性，由厌学到爱学，由被动地学到主动地学。第二，可拓宽自己的思路，提高自己思维的灵活性。一些谚语如果不加利用，听过也就算了，但把这些谚语收集起来，联系自己的学习，既增加了知识面，又锻炼了自己的思维能力。第三，能培养自己一种好的学习习惯，刻苦钻研，从而在自己的学习生活中攻克一个个难题，到达知识的彼岸。

当然我们采用这种记忆方法还应注意的是：1. 谚语与原理联系要自然，千万不能生造谚语，勉强凑合。2. 谚语所说明的原理要注意准确性，千万不能乱搭配，不然就会谬种流传，引起笑话。3. 谚语应是我们所熟悉的。这样才能便于自己的记忆。

例如："无风不起浪""城门失火殃及池鱼"这些都说明事物之间是相互联系的，是唯物辩证法的联系观点。

如"山外青山楼外楼，前进路上无尽头"，"刻舟求剑"……这些都说明了事物都是处于不停的运动、发展之中，运动是绝对的，静止是相对的，这是唯物辩证法发展的观点。

如"一叶障目，不见泰山"，"头痛医头，脚痛医脚"，"天不变道亦不变"……这些都说明形而上学片面观点看问题的危害性。

如"一把钥匙开一把锁"，"量体裁衣，对症下药"……这些都说明具体问题要具体分析，矛盾的特殊性原理。

如"牵牛要牵牛鼻子"，"抓了芝麻，丢了西瓜"……这些都是说明抓住主要矛盾的原理。

如"兼听则明,偏听则暗"说明了矛盾普遍性原理,而"白马非马"说明了矛盾普遍性与特殊性之间的关系原理。

如"勿以恶小而为之,勿以善小而不为","蚁穴溃堤"……这些都是说明量变到质变的原理。

在学习过程中,对某个问题重复进行多次的学习以达到记忆目的的方法称之为"举一反三法"。

这是我们学习过程中一种常见和使用较普遍的记忆方法,运用此法的可取之处是:第一,"举一反三"可以使我们对某个问题的理解和掌握达到娴熟和运用自如的程度;第二,"举一反三"可以使我们对某个问题的认识有一定的深度与广度;第三,"举一反三"可以激发我们学习的兴趣,有利于我们学好、学懂所学的知识。

"举一反三"的记忆方法并不是说同一问题简单重复三次至四次,而是对同一类问题从不同的角度,反复进行学习、练习、讨论、这样才能使我们较牢固地掌握知识,并且思维也较开阔,学得活,学得好,记得牢。

例如:对商品这一概念的理解,我们运用"举一反三法",真正掌握了任何商品都是劳动产品,但只有用于交换的劳动产品才是商品;商品的价值是凝结在商品中的人类劳动。如一只羊能和 30 斤大米作交换,是因为它们的价值是相等的。千差万别的商品之所以能够交换,是因为它们都有价值,有价值的物品一定有使用价值……这样围绕商品这个基本概念及与它相关的一些因素,从多角度反复进行,就能牢固地掌握这部分知识,学得透彻,学得灵活,使我们真正获得了知识,记住了知识。

通过对两个或两个以上的事物进行比较,从而把它们的相同与不同之处加以归纳整理的记忆方法称之为"对比异同法"。

"对比异同法"可以是中心比较,也可以是并列比较。因为比较的事物之间可以是并列的,也可以是不并列的。例如,我们要比较法律与道德、政治、艺术、宗教的异同之处,就可用中心比较。我们要比较奴隶社会与封建社会生产关系的异同之处,就可用并列比较。

例如:我们在学习《宪法》和《刑法》时,就可采用这种对比异同法,以增强记忆。

《宪法》和《刑法》的相同之处:

1.都是阶级统治的产物,随着阶级、国家的产生而产生,又随着它们的消亡而消亡;

2. 都是由国家制定和认可的,并由国家的强制力保证执行的。

《宪法》与《刑法》的不同之处:

(1)内容不同。宪法所规定的是国家的根本性质和根本制度的内容,而刑法只是规定国家政治生活中某一方面的内容;

(2)法律效力不同。宪法是国家的根本大法,具有最高法律效力,而刑法是子法,它必须与宪法保持一致,不相抵触,否则就失去刑法应有的法律效力;

(3)制定和修改的程序不同。宪法的制定和修改必须由全国人民代表大会的三分之二以上代表通过,而刑法则由全国人大常委会讨论制定和修改。

运用这种对比异同的方法,就可以把学到的有关内容归纳整理成文,这样便于深刻理解,增强记忆。在政治学科的学习中. 这种方法用的是比较多的。

其实,我们并不比别人笨,也不是我们心里总认为的别人比自己就一定聪明,只是我们学习的时候,别人比自己多认真那么一点,记的东西多那么一点,学习所花的时间多那么一点。

四、利用联系顺记历史知识

　　美国的记忆研究学家马尔将历史课本其中一课的内容,通过巧妙的联系组成一个一个小故事,来测验孩子记忆力的强弱。测验的对象分两组,一组是记忆他编的这个小故事,另一组则是依个人的习惯随意记忆。结果显示,编故事那组的记忆保持力较另一组高出七倍左右。

　　因此,在学习历史时,我们要在学习中去区分教材中的那些不同的成分,知识成分通常是解答问题的关键,也是高考阅卷中的"采分点",应该准确地把握,而语法成分在表述上是有很大自由度的,只要能把知识成分正确地串连起来就可以,无须拘泥于特定的说法。例如:太平天国运动是中国近代史上一次伟大的规模巨大、波澜壮阔的反封建反侵略的农民革命战争。

　　在这句话中,可以作为采分点的内容只能是"反封建""反侵略""农民"这三个词。可以把这样的词叫作"核心词",这种方法也可以称之为甄别和记忆核心词的方法。从上例中可以看到,经过甄别以后的记忆内容精练紧凑,记忆量仅有原先的 1/50 这其实是减轻负担和提高效率的极好途径。

　　在学习历史的过程中,我们可以寻找具有规律性的东西,抓住历史事件和历史人物在时间、地点或是名称等方面的某一相同或相似点,联系起来进行记忆。

　　比如,只要记住"1861"这一关键年代,就易于联想起这一年在中、俄、美3 国发生的 3 件不同的大事:1861 年,清政府在北京设立总理衙门;1861 年 3 月,沙皇亚历山大二世签署废除农奴制的法令;1861 年 1 月,美国南北战争爆发。上述 3 件大事之间没有直接的联系,但发生在同一年就成为一个极好的触发点。

　　再如从唐末到明末的 5 个农民起义政权的名称均以"大"字当头:唐末黄巢起义军政权——大齐;北宋王小波、李顺起义军政权——大蜀;南宋初年钟相、杨么起义军政权——大楚;明末农民起义军李自成所建政权——大顺;明末农民起义张自忠所建政权——大西。

历史年代是事件的时间标记,相关的历史事件间常常存在因果、影响等内在逻辑关系。如赤壁之战与三国鼎立的出现,中国共产党的成立与中国工人运动的第一次高潮。这一系列历史事件均有条不紊地置于一定的时间范围内,其顺序不容颠倒错乱,从而为记好历史年代提供了一把钥匙。可见,记忆历史年代与掌握历史事件的内在逻辑关系是互相促进的。

例如:同一年代中外历史联系记忆法:

1. 1689 年,中俄签订《尼布楚条约》;英国通过《权利法案》。

2. 1804 年,拿破仑称帝,建立法兰西第一帝国;海地宣布独立。

公元前后年代对称记忆法:

1. 公元前 1894 年,古巴比伦王国建立。公元 1894 年朝鲜甲午农民战争;中日甲午战争。

2. 公元前 221 年,秦统一中国。公元 221 年,三国时期蜀国建立。

3. 公元前 73 年罗马斯巴达克起义。公元 73 年东汉班超出使西域。

同一时期所发生的历史事件的集合记忆。

例:元朝统一中国大事记:

1. 1206 年成吉思汗建立蒙古政权;1271 年忽必烈定国号为元朝;

2. 1276 年元朝灭南宋;1279 年元朝统一中国。

联想、推算记忆:

例:中国现代史(1919－1927 年的大事记)

1919 年五四运动;

1920 年陈独秀在上海创建第一个共产主义小组;

1921 年中国共产党成立;中共一大召开。

1922 年中共二大;

1923 年中共三大;二七惨案。

1924 年国民党一大的召开;革命统一战线形成。

1925 年五卅运动;五卅惨案。

1926 年北伐战争开始;

1927 年四一二反革命政变;七一五反革命政变;大革命失败。

同年中外历史事件联系:

例:1941 年皖南事变;

苏联卫国战争开始;

太平洋战争爆发。

等距离记忆法：

例：相距一百年 1689 年《尼布楚条约》签订；

1789 年法国资产阶级革命爆发；

1889 年第二国际建立。

数字换位：

例：1885 年镇南关大捷；

1858 年中俄《瑷珲条约》签订。

首位相同：

例：313 年基督教在罗马取得合法地位；

646 年日本大化革新。

几个相同的数字：

例：1115 年女真建立金(3 个 1)；

1851 年 1 月 11 日金田起义(5 个 1)。

颠倒式记忆：

例：184 年黄巾起义；

公元前 841 年国人暴动。

要发展自己的记忆能力,提高自己的记忆速度,就必须相应地去发展思维能力,只有经过积极思考去认识事物,才能快速地记住事物,把知识变成对自己真正有用的东西。

五、利用歌诀法记地理知识

美国的记忆研究学家拉特－马尔经研究提出:在学习地理知识中的大量数据时,可以采用歌诀法记忆。所谓的歌诀法就是把繁杂、抽象的内容转化为通俗易懂的歌诀。如下列几个地理方面的世界之最:

珠穆朗玛峰,海拔8848.13米——世界最高峰爸爸试爬(8848),要上(13)!

死海,海平面以下392米——四孩是三舅儿(392)。

马里亚纳海沟,深达11022米——加大马力压那海狗,它是摇摇动双耳(11022)。

歌诀法与连锁法记地名较有效。如南美洲的12个国家如此记下(按字数由少到多):

纸里(智利)有一条秘密的路(秘鲁),通往阿爸种的西瓜地(巴西)。阿爸拉着乌龟(巴拉圭),乌龟又拉着乌龟(乌拉圭)在那路上走。突然被路边夹在书里的南瓜(苏里南)滚出来压住那乌龟(圭亚那)。阿爸跟着停下来,(阿根廷)一看,这儿瓜多呀(厄瓜多尔)!乌龟说:把瓜放进苇包内拉走(委内瑞拉),乘玻璃纤维压塑(玻利维亚)成的船,跟哥伦布比一比呀(哥伦比亚)!

如果要记的不只是单纯的地名或数字,就要根据内容综合运用多种记忆方法。例如记下面这一段有关长江的知识:

长江流经青海、西藏、四川、云南、湖北、湖南、江西、安徽、江苏、上海十个省、市、自治区,全长6300千米,全流域面积超过180万平方千米。长江分为上、中、下游,宜昌以上为上游,宜昌到湖口间为中游,以下为下游。长江发源于各拉丹冬。

从内容分析,省、市、自治区名称可以用字头法,数字和较难的各拉丹冬可用换字法。为了不破坏材料的完整性,最好把它们编成顺口溜:

两湖两江两海安,川西云流过庐山;

流域超过百八万,宜昌湖口各拉段。

第一句及第二句的"川西云"是字头。长江流经庐山而"庐山"二字又是"63"的谐音。"宜昌湖口各拉段"既说明了上、中、下游的分段点,其中的"各拉段"又与"各拉丹"音近似,很容易就联想到长江的发源地各拉丹冬了。

用字头记各个走向的山名,组成一副门联:

"天阴昆秦南喜马以长武大太巫雪"横额是"黄贺阿"。

人文地理是高中地理中的重要部分。它涉及资源、能源、农业、工业、人口、城市、环境等与人类密切相关的知识,在每年高中地理会考中占60%。人文地理知识文多图少,枯燥乏味,学生感到好学难记,要的知识很多。下面谈谈人文地理的记忆方法。

1.图像记忆法

就是一种以地理图形和图像为主要形式,揭示地理事物现象或本质特征,以激发学生的跳跃式思维,加快教学过程的方法。这种方法多用于记忆地理事物的分布规律、记忆地名、记忆各种地理事物特点及它们之间相互影响等知识。心理学研究表明,人的大脑对图像的记忆效果要远远高于对概念的记忆。因此,这是学习地理最重要的方法之一。用这种方法讲授地理概念或规律,可以揭示地理事物之间的内在联系,培养学生的观察能力,使学生头脑中形成地理学科准确、完整、稳固的表象,树立牢固的地理空间概念,激发学生学习地理的兴趣,达到获取地理知识的目的。例如,高中地理下册第七章第二节中的我国煤炭资源分布,主要有山西、内蒙古、陕西、河南、山东、河北等等,省区名称多,很难记。可以用图像记忆法,引导学生读图,在图上找到山西省,明确山西省是我国煤炭资源最丰富的省,再结合我国煤炭资源分布图,找出分布规律:它们以山西省为中心,按逆时针方向旋转一周,即可记住这些省区的名称,陕西以北是内蒙古、以西是陕西,以南是河南,以东是山东和河北。接着,在图上掌握我国煤炭资源还分布在安徽和江苏省北部,以及边远省区的新疆、贵州、云南、黑龙江。

2. 分解记忆法

分解记忆法就是把繁杂的地理事物进行分类,分解成不同的部分,便于逐个"歼灭"的一种记忆方法。如在高中地理下册第十章第一节中,要记住人口超过 1 亿的十个国家:中国、印度、美国、印度尼西亚、巴西、俄罗斯、日本、孟加拉国、尼日利亚和巴基斯坦,单纯的死记硬背很难记住,即使记住也容易忘掉。采用分解记忆法较易掌握,即在熟读这十个国家的基础上分洲分区来记:掌握北美、南美、欧洲、非洲各有一个:分别是美国、巴西、俄罗斯、尼日利亚。其余六个国家是亚洲的。亚洲的又可分为三个地区,属东亚的是中国、日本;属东南亚的有印度尼西亚;属南亚的有印度、孟加拉国、巴基斯坦。再用字头记住前四位国家:中、印、美、印尼。

3. 比较记忆法

就是根据一定的标准对同类或类似的对象进行分析对比而获得掌握知识的方法。通过比较,阐明知识的共同性、相似性和差异性,认清地理事物和现象之间的联系,揭示特征,突出重点,便于记忆,培养学生分析、综合、概括的能力。利用比较记忆的方法须注意:作为比较的对象应该是:(1)同等的地理事物或现象;(2)是已知的;(3)是本质特征相同或相反的两种地理事物或现象。

人文地理的记忆方法多种多样,教师在教学过程中培养和提高学生的记忆力,是搞好教学的关键。这样,才能提高学生运用人地关系原理综合分析和解决实际问题的能力,使学生形成正确的人口观、资源观、环境观,形成比较牢固的记忆思维方式,从而达到记而不忘,事半功倍的效果。

六、利用关联巧记数学知识

数学是中学生的一门主科,它的系统性、逻辑性、抽象性较强。这就要求我们对概念、公式、定理等一些知识要掌握牢固,运用这些知识来进行计算、证明及逻辑推理。

为此,美国的记忆研究学家布朗斯特在近期提出了四种巧记数学知识的方法,具体如下:

1. 谐音记忆法

它是利用两种事物名称读音相同或相近的条件造成联想,来增强记忆,如数字中的数字谐音法。由于数字没有什么意义,1 就是 1,2 就是 2,只是一个名称。对于那些位数比较多,又要求掌握的数字,我们用这种方法就比较容易记牢。

2. 系统记忆法

把学过的知识分门别类地加以整理,使之系统化。如数学这门学科是由许多概念、公式、定理等组成的知识系统,都有较严密的知识结构。当学到一定阶段时,要把知识加以整理,把前后左右联系起来,构成一个小系统,使自己牢固掌握这些知识,易于联想,灵活运用。例如在讲圆形、扇形、弓形面积时,可以根据知识的系统性,把知识穿成串,使我们一记一串。

3. 提纲网络法

"提纲网络"就像"打鱼"一样。"纲"就是渔网上的总绳,"目"就是渔网上的网眼,无论撒网或收网都必须抓住"纲"这根总绳。虽然"网络"是由千丝万缕的线编织而成的,但彼此之间的联系却是井然有序的。所以"提纲网络法"就是以此为比喻的,也就是说:"紧紧抓住主要的,带动次要的,并且使各部分保持有机的联系,从而提高记忆效果。"我们知道,知识之间的联系是各式各样的,不仅有纵向的联系,还有横向的联系,因此在记忆的时候,不仅要善于穿珍珠,还要养成把知识编织成网。

4. 理解记忆法

现代科学实验已经反复证明,记忆是大脑对客观事物之间联系的反映。事物有内在联系和外部联系,有表面和本质之分,了解它的意义,记忆才能深刻牢固。反之,我们不了解它的意义,就不容易记住,即使勉强记住了,也容易遗忘。对于不理解的东西,即使记住了,也没有真正的用处。对数字中的定理,如果不理解其意义,即使倒背如流,也无法运用它来进行证明。

例如,速度公式 $S = VT$,对这个公式的记忆,如果我们理解了公式中每个字母代表的意义,那么记起来也就会变得容易多了。先弄清楚 S、V、T 的意义,以及它们之间的关系,即 S 代表距离,V 代表速度,T 代表时间,距离等于速度乘以时间,从而记 $S = VT$ 这个公式就容易多了。

魔力悄悄话

你改变不了环境,但你可以改变自己,你改变不了事实,但你可以改变态度,你改变不了过去,但你可以改变现在。因此,无论是学习还是在提高自身记忆的时候,不能盲目地去学习,应利用各种方法提高自己学习的效率。

七、利用口诀牢记物理知识

美国的记忆学家马罗亚温指出：孩子们在学习物理知识的时候，要善于运用聚沙成塔记忆法，进而克服种种限制，提高记忆效率。

所谓的聚沙成塔记忆法，简单地说就是把上课时所学的东西在当天存进大脑，决不拖欠，并及时复习，一点一滴去记忆的方法。

这种记忆法的具体步骤如下：

1. 堂堂清：上完每一堂物理课，立即抓住这堂课所讲解的概念、原理及定律，当天晚上及时加以复习巩固，决不拖欠，把几堂课的内容集中起来复习。如果当天确实没有充分的复习时间，那么至少也应该粗略地复习一下，以备后面抓紧补上。

2. 周末清：每周所上物理课内容，一定要抓紧周末时间进行简单的归纳复习，决不可将本周的复习内容拖到下一周复习，更不能将数周的复习内容拖延到考前集中一并复习。

3. 段段清：把每个单元的学习内容，在教师单元复习课指导下，每学一个单元就及时进行归纳小结，决不将这一单元的系统复习推迟到学完下一单元再进行总"算账"，更不可以将几个单元的内容，安排在考试之前进行突击复习。

例如，高中物理磁场这一章。在学习的时候，就要当堂巩固有关磁场、磁力线、磁感应强度、磁通量等有关概念，及时"消化"安培力及洛仑兹力的计算公式。用点点滴滴聚沙成塔，分散数量细水长流的记忆方法，才能在单元复习时，清晰地理解该章3单元的由浅入深的内在联系。唯有用这种记忆法，才有可能理解和掌握比较复杂的关于洛仑兹力与圆周运动相结合，在近代科学技术中的应用实例，并且为下一章电磁感应的学习打下坚实的基础。

遗忘的进程是先快后慢，先多后少。在熟记有关物理知识之后，遗忘就随即开始了。起初遗忘得较多，过一段时间后，遗忘的速度越来越慢，遗忘得也就比较少了。

认识了遗忘规律以后,可以在物理复习中制定如下步骤:

1. 在上完每堂物理课后,晚上先花一定时间,将所学知识作一次回忆,重温一下物理定律、公式及例题,在草稿纸上默写。然后翻开课本或笔记进行核对,有重点地依照实际情况复习。

2. 在此基础上,完成书面作业,再一次巩固记忆。

3. 对记忆中的难点,在第二天清晨,再花少量时间加以复习巩固。

运用这种记忆法时,还需要注意做到以下 5 点:

1. 复习一定要及时。一般是上物理课的当天晚上复习为佳。通常说来,在当天趁头脑中尚有些记忆痕迹,花十多分钟时间复习的效果,比在 5 天或 10 天之后耗费整整一小时复习的效果要好。复习间隔应先密后疏。

2. 要分散复习,不能连续三四个小时全部用来复习物理。这样大脑神经细胞工作时间过长,会出现抑制的积累.记忆效果差。即使是考试前的集中复习,也应注意文、理科间隔复习,这才合乎科学的记忆规律。

3. 复习时要避免机械重复。每次复习记忆,应有新的信息。记忆方式单调,易产生消极情绪,加速疲劳,同一物理规律的复习记忆,要适当变换方式。如默写公式看例题,复述定律内容交叉进行。

4. 一定要先复习后做作业。这样符合记忆规律,边做作业,边翻物理书,记忆效果较差。

5. 即使没有物理的书面作业,也一定要坚持课后及时复习记忆。

物理学中有些概念比较抽象,对其进行分析、挖掘、对比联想,编成一些口诀便于记忆。例如,静电场中有关电场强度、电场力、电力线以及电场力做功与电能变化的关系,电势大小与电力线的关系,可归纳成这样的口诀:

电场力的方向,正电荷与场强向,负电荷与场强反向;电场力做正功,电势能减少,电场力做负功(克服电场力做功),电势能增加;电力线方向永远是电势降落方向。

记住上述三条,在解答有关电势高低、电势能变化等问题时,才能准确无误。

有些定律的内容,可简化成几个字的口诀记忆。例如光学的反射定律,可编成:三线共面,法线居中,两角相等。

此外,有一些定则使用时容易混淆不清。倒如左手定则和右手定则,除了使用不同的来区别通电导线的受力方向和感应电动势(闭合回路为感应电流)方向外,对于何时用右手定则,何时用左手定则,可以编成谐音口诀

"机油(右)电阻(左)"。即当题设条件是机械能转化成电能,也就是发电机原理,那么运用右手定则——"机油(右)"。如果题中的条件是电动机原理,即电能转化为机械能,那就是"电阻"(左)——左手定则来判断。

物理学中有许多概念、规律和公式,这些都要采取各种措施把它们记住。人的大脑神经细胞活动能力有一定的限度,如果超过了这个限度,反应就会降低,以至于完全丧失,这是超越限度抑制的表现。

八、利用实验精记化学知识

在化学教学中,学生们常常会出现这样的问题:元素符号等化学用语,元素及其化合物的基本知识,化学基本理论及其计算、实验等,太多太难记,记住后也容易忘记。怎样提高记忆效率呢?

法国的教育学家阿瑞·海特经过长期的研究,认为学生学习成绩的好坏,主要决定于分析问题和解决问题的能力。而要运用知识去解决问题,首先要能够记忆。

1. 利用实验教学,增强记忆

生动直观的实验,对学生来说有很大的魅力,可以有效地激发学生的内在动机,学习新知识成了学生的迫切要求,学生听讲有目的,对教材内容自然印象深刻。我们在自己复习记忆的时候也可以结合着回忆实验课上的内容,使所记内容形象化,来帮助记忆。

2. 应用直观形象,加深理解,增强记忆

初中化学的概念、理论,涉及微观粒子的结构、组成,运动和变化,它与宏观形象或事物有质的不同,是更为抽象而难于理解的。只有理解了的东西,才有较深刻的记忆,科学地把一些概念、理论形象化,可以帮助学生加深理解,提高记忆效果。如记忆"电解质的电离"时,在纸上画出图示,对电解质的离解及运动,就一目了然,印象深刻。

3. 意义记忆和机械记忆结合, 提高记忆效率

中学化学知识覆盖面大, 内在联系千丝万缕, 而化学用语和化学量的规定与运用又千差万别, 不少学生由于没有掌握好已学过的知识, 在知识系统中失去了线索, 因而不能把注意力集中在接受新知识上, 表示出记忆效果不佳的特点。要提高记忆效果, 就要力求将新旧知识系统化, 搞清知识的来龙去脉, 真正理解并掌握一个完整的概念。如有关溶解度计算的教学, 先复习"溶解度"的概念, 而后记忆溶解度的计算公式。这样就会想到这一个公式必须具备: 一定温度下, 百克溶剂中, 溶解达饱和, 溶质克数一定, 此时溶质克数即溶解度。这样, 加深了学生对概念的理解, 记忆起来就很容易了

4. 分析对比, 综合归纳, 简化记忆

比较是确定现实现象异同的一种思维过程。从比较中能抓住事物的本质, 突出矛盾的特殊性。比较又是概括的前提, 只有通过比较, 才能确定同类事物的共同特征, 把这些事物联合为一组进行概括。在化学知识的记忆中, 应用分析对比, 综合归纳的方法, 可以大大简化记忆。

如: 硝酸的化学性质。通过已学过的有关盐酸, 稀硫酸的化学性质跟硝酸的化学性质进行比较硝酸跟硫酸、盐酸都具有酸的一般通性, 因为电离时可以生成氢离子。但硝酸的氧化性跟浓硫酸相似而与盐酸不同, 这是由于硝酸分子里的氮原子处于最高价态, 容易被还原成低价态氮。它的氧化性突出表现在不论稀浓, 在不同条件时, 硝酸都能发生氧化还原反应。由于硝酸分子的不稳定, 极易分解的特征, 因此它的化学性质又和硫酸有不同之处。经过这样的对比分析和归纳, 简化了记忆的内容, 不仅能记住硝酸的特性, 还能巩固对硫酸和盐酸化学性质的记忆。克服了靠死记硬背来学习化学的弊病。

5. 利用口诀快速记忆

金属活动顺序表,可在原有的基础上,增加若干种元素,编成如下口诀记忆:

钾钙钠镁铝锰锌;

铬铁镉镍锡铅氢;

锑铋铜汞银铂金。

盐类溶解性的规律可编成如下口诀记忆:

钾、钠铵盐都可溶;

硝盐遇水影无踪;

硫(酸)盐不溶铅和钡;

氯(化)物不溶银、亚汞。

氢气还原氧化铜实验,操作顺序可编成如下口诀记忆:

氢气应早去晚归;

酒精灯迟到早退;

试管口下倾水滴。

氧化还原的定义、性质、特征可编成如下口诀记忆:

升失氧,降得还;若说剂,两相反。

盐类水解规律可编成如下口诀记忆:

无"弱"不解,"弱"谁水解;

"弱"愈解,双"弱"俱水解;

谁"强"显谁性,双"弱"由 K 定。

盐类水解离子方程式的书写可编成如下口诀记忆:

左边水写分子式;

中间符号写可逆;

右边不写"↑"和"↓"。

6. 联想记忆法

在化学世界里,充满着矛盾的对立统一。

（1）"配偶"概念的联想：化学上有许多"配偶"的概念，学习时要善于从某一概念出发，比较它们的区别，达到"成双成对"地掌握的效果。例如，有新的物质生成的变化是化学变化；反之，没有新物质生成的变化是物理变化；这两类变化的本质区别在于是否生成新物质。可以用对比关联方法联想下列各对概念：纯净物和混合物；单质和化合物；酸性氧化物和碱性氧化物；电解质和非电解质；氧化还原反应和非氧化还原反应；氧化剂和还原剂等等。

（2）关系联想：从位置、结构、性质、用途之间的相互关系去联想。从原子结构联想到在周期表中的位置；从物质的性质联想原子或分子的结构；从物质的用途联想到它的性质等等。例如，氯气跟水反应生成次氯酸有杀菌作用，与氢气反应生成氯化氢，与清石灰反应生成漂白粉，与甲烷反应生成氯仿。所以氯气可用于消毒、制造盐酸、漂白粉和氯仿等。

利用反向或多向思考的方法，从问题、事物的一个方面，联想到它的反面或另一方面。这不仅有助于掌握知识，还能开阔思路、增强理解、提高记忆。是学习化学行之有效的一种方法。

第十章 激活右脑好记忆

　　由于身体左右侧的活动与发展通常是不平衡的，往往右侧活动多于左侧活动，因此有必要加强左侧活动，以促进右脑动能。

　　在日常生活中我们尽可能多使用身体的左侧，也是很重要的。身体左侧多活动，右侧大脑就会发达。右侧大脑的功能增强，人的灵感、想象力就会增加。

一、形象记忆，不记也能忆

形象记忆法就是在记忆时尽量多留意直观形象，尽量多运用形象思维，以提高记忆的效果。形象记忆法建立在形象联想的基础上，先要使需要记忆的物品在脑子里形成清晰的形象，并将这一形象附着在一个容易回忆的联结点上。这样，只要想到所熟悉的联结点，便能立刻想起学习过的新东西。

形象记忆是目前最合乎人类的右脑运作模式的记忆法，它可以让人瞬间记忆上千个电话号码，而且长时间不会忘记。但是，当人们在利用语言作为思维的材料和物质外壳，不断促进了意义记忆和抽象思维的发展，促进了左脑功能的迅速发展，而这种发展又推动人的思维从低级到高级不断进步、完善，并越来越发挥无比神奇作用的过程中，却犯了一个本不应犯的错误——逐渐忽视了形象记忆和形象思维的重要作用。

现在，让我们来做个小游戏，请在一分钟内记住下列东西：

风筝、铅笔、汽车、电饭锅、蜡烛、果酱。

怎么样，你感到费力吗？你记住了几项呢？其实，你完全可以轻而易举地记全这六项，只要你利用你的想象力。

你要想象，你放着风筝，风筝在天上飞，这是一个什么样的风筝呢？是一个白色的风筝。忽然有一支铅笔，被抛了上去，把风筝刺了个大洞，于是风筝掉了下来。而铅笔也掉了下来，砸到了一辆汽车上，挡风玻璃也全破了。后来，汽车只好放到一个大电饭锅里去，当汽车放入电饭锅时，汽车融化了，变软了。后来，你拿着一个蜡烛，敲着电饭锅，当当当的声音，非常大声，而蜡烛，被涂上了果酱。

现在回想一下：

风筝怎么了？被铅笔刺了个大洞。

铅笔怎么了？砸到了汽车。

汽车怎么了？被放到电饭锅里煮。

电饭锅怎么了？被蜡烛敲出了声音。

蜡烛怎么了？被涂上了果酱。

如果你再回想几次，就把这六项记起来了。

这个游戏说明：联结是形象记忆的关键。好的、生动的联结要求将新信息放在旧信息上，创造另一个生动的影像，将新信息放在长期记忆中，以荒谬、无意义的方式用动作将影像联结。

好的联结在回想时速度快，也不易忘记。一般而言，有声音的联结比没有声音的好，有颜色的联结比没有颜色的好，有变形的联结比没有变形的好，动态的比静态的好。想象是形象记忆法常用的方式，当一种事物和另一种事物相类似时，往往会从这一事物引起对另一事物的联想。

我们来看看一些名人的形象记忆记录，大家都知道，成为记忆能人的条件是要具备能够在头脑中描绘具体形象的能力，日本著名的将棋名人中原能在不用纸笔记录的情况下，把十个人在三天时间里分两桌进行的麻将赛的每一局胜负都记得清清楚楚。日本另外一个将棋好手大山也有类似的轶闻，他曾和朋友一起在旅馆打了三天麻将，没想到他们的麻将战绩表被旅馆的女服务员当作废纸给扔了，在大家一筹莫展之时，大山名人已将多达二十多人的战绩准确地重新写下来了。

马克·吐温曾经为记不住讲演稿而苦恼，但后来他采用一种形象的记忆之后，竟然不再需要带讲演稿了。他在《汉堡》杂志中这样说：

最难记忆的是数字，因为它既单调又没有显著的外形。如果你能在脑中把一幅图画和数字联系起来，记忆就容易多了。如果这幅图画是你自己想象出来的，那你就更不会忘掉了。我曾经有过这种体验：在 30 年前，每晚我都要演讲一次。所以我每晚要写一个简单的演说稿，把每段的意思用一个句子写出来，平均每篇约 11 句。有一天晚上，忽然把次序忘了，使我窘得满头大汗。因为这次经验，使我想了一个方法：在每个指甲上依次写上一个号码，共计 10 个。第二天晚上我再去演说，便常常留心指甲，为了不致忘掉刚才看的是哪个指甲，看完一个便把号码揩去一个。但是这样一来，听众都奇怪我为什么一直望自己的指甲。结果，这次的演讲不用说又是失败了。

忽然，我想到为什么不用图画来代表次序呢？这使我立刻解决了一切困难。两分钟内我用笔画出了 6 幅图画，用来代表 11 个话题。然后我把图画抛开。但是那些图画已经给我一个很深的印象，只要我闭上眼睛，图画就很明显地出现在眼前。这还是远在 30 年前的事，可是至今我的演说稿，还是得借助图画的力量才能记忆起来。

马克·吐温的例子更有利地证明了形象记忆的神奇作用,青少年朋友
应该经常锻炼自己的形象记忆能力。

人类越来越偏重于使用左脑的功能进行意义记忆和抽象思维了,而右
脑的形象记忆和形象思维功能渐渐遭到不应有的冷落。其实,我们对右脑
形象记忆的潜力还缺乏深刻的认识。

二、照相记忆，效果更好

著名的右脑训练专家七四真博士曾对一些理科成绩只有30分左右的小学生进行了右脑记忆训练。所谓训练，就是这样一种游戏：摆上一些图片，让他们用语言将相邻的两张图片联想起来记忆，比如"石头上放着草莓，草莓被鞋踩烂了"等。

这次训练使这些只能考30分的小学生都能得100分。

通过这次训练，七四真指出，和左脑的语言性记忆不同，右脑中具有另一种被称作"图像记忆"的记忆，这种记忆可以使只看过一次的事物像照片一样印在脑子里。一旦这种右脑记忆得到开发，那些不愿学习的人也可以立刻拥有出色记忆力，变得"聪明"起来。

同时，这个实验告诉我们，每个人自身都储备着这种照相记忆的能力，你需要做的是如何把它挖掘出来。现在我们来测试一下你的视觉想象力。你能内视到颜色吗？或许你会说："噢！见鬼了，怎么会这样。"请赶快先闭上你的眼睛，内视一下自己眼前有一幅红色、黑色、白色、黄色、绿色、蓝色，然后又是白色的电影银幕。看到了吗？哪些颜色你觉得容易想象，哪些颜色你又觉得想象起来比较困难呢？还有，在哪些颜色上你需要用较长的时间？

请你再想象一下眼前有一个画家，他拿着一支画笔在一张画布上作画。这种想象能帮助你提高对颜色的记忆，如果你多练习几次就知道了。

当你有时间或想放松一下的时候，请经常重复做这一练习。你会发现一次比一次更容易地想象颜色了。当然，你可以做做白日梦，从尽可能美好的、正面的图像开始，因为根据经验，正面的事物比较容易记在头脑里。你可以回忆一下在过去的生活中，一幅让你感觉很美好的画面：例如某个度假日、某种美丽的景色、你喜欢的电影中的某个场面等。请你尽可能努力地并且带颜色地内视这个画面，想象把你自己放进去，把这张画面的所有细节都描绘出来。在繁忙的一天中用几分钟闭上你的眼睛，在脑海里呈现一下这样美好的回忆,如此你必定会感到非常放松。当然,照相记忆的一个基本前提是你需要把资料转化为清晰、生动的图像。清晰的图像就是要有足够多的细节,每个细节都要清晰。

比如,要在脑中想象"萝卜"的图像,你的"萝卜"是红的还是白的? 叶子是什么颜色的? 萝卜是沾满了泥还是洗得干干净净的呢? 图像轮廓越清楚,细节越清晰,图像在脑中留下的印象就越深刻,越不容易被遗忘。生动的图像就是要充分利用各种感官,视觉、听觉、触觉、嗅觉、味觉,给图像赋予这些感官可以感受到的特征。

有时候也可以用夸张、拟人等各种方法来增加图像的生动性。比如,"毛巾"的图像,可以想象:这条毛巾特别长,可以从地上一直挂到天上;或者,这条毛巾会自动给人擦脸等。在经过上面的训练之后,你关闭的右脑大门已经逐渐地开启,但如果要想修炼成"一眼记住全像"的照相记忆,你还必须进行下面的训练。

1. 一心二用:"一心二用"训练就是锻炼左右手同时画图。拿出一根铅笔,左手画横线,右手画竖线,要两只手同时画。练习一分钟后,两手交换,左手画竖线,右手画横线。一分钟之后,再交换,反复练习,直到画出来的图形完美为止。这个练习能够强烈刺激右脑。

你画出来的图形还令自己满意吗? 刚开始的时候画不好是很正常的,不要灰心,随着练习的次数越来越多,你会画得越来越好。

2. 想象训练:想象训练就是把目标记忆内容转化为图像,然后在图像与图像间创造动态联系,通过这些联系很容易地记住目标记忆内容及其顺序。正如本书前面章节所讲,这种联系可以采用夸张、拟人等各种方式,图像细节越具体、清晰越好。但这种想象又不是漫无边际的,必须用一两句话就可以表达,否则就脱离记忆的目的了。

我们都有这样的体会,记忆图像比记忆文字花费时间更少,也更不容易忘记。因此,在我们记忆文字时,也可以将其转化为图像,记忆起来就简单得多,记忆效果也更好了。

三、编码记忆，以点带面

所谓"编码记忆"就是把必须记忆的事情与相应数字相联系并进行记忆。

例如，我们可以把房间的事物编号如下：1 - 房门、2 - 地板、3 - 鞋柜、4 - 花瓶、5 - 日历、6 - 橱柜、7 - 壁橱。如果说"2"，马上回答"地板"。如果说"3"，马上回答"鞋柜"。这样将各部位的数字号码记住，再与其他应该记忆的事项进行联想。

开始先编 10 个左右的号码。先在脑子里浮现出房间物品的形象，进行编号。以后只要想起编号，就能马上想起房间内的各种事物，这只需要 5 ~ 10 分钟即可记下来。在反复练习过程中，对编码就能清楚地记忆了。

这样的练习进行得较熟练后，再增加 10 个左右。如果能做几十个编码并进行记忆，就可以灵活应用了。你也可以把自己的身体各部位进行编码，这样对提高记忆力非常有效。

作为编码记忆法的基础，如前所述，就是把房间各部位编上号码，这就是记忆的"挂钩"。

请你把下述实例用联想法联结起来，记忆一下这 10 件事：1 - 飞机、2 - 书、3 - 橘子、4 - 富士山、5 - 舞蹈、6 - 果汁、7 - 棒球、8 - 悲伤、9 - 报纸、10 - 信。

先把这 10 件事按前述编码法联结起来，再用联想的方法记忆。联想举例如下。

（1）房门和飞机：想象入口处被巨型飞机撞击或撞出火星。

（2）地板和书：想象地板上书在脱鞋。

（3）鞋柜和橘子：想象打开鞋柜后，无数橘子飞出来。

（4）花瓶和富士山：想象花瓶上长出富士山。

（5）日历和舞蹈：想象日历在跳舞。

（6）橱柜和果汁：想象装着果汁的大杯子里放的不是冰块，而是木柜。

（7）壁橱和棒球：想象棒球运动员把壁橱当成防护用具。

（8）画框和悲伤：画框掉下来砸了脑袋，最珍贵的画框摔坏了，因此而伤心流泪。

（9）海报和报纸：想象报纸代替海报贴在墙上。

（10）电视机和信：想象大信封上装有荧光屏，信封变成了电视机。

如按上述方法联想记忆，无论采取什么顺序都能马上回忆出来。

这个方法也能这样进行练习，先在纸上写出 1～20 的号码，让朋友说出各种事物，你写在号码下面，同时用联想法记忆。然后让朋友随意说出任何一个号码，如果回答正确，画一条线勾掉。

据说，美国的记忆力的权威人士、篮球冠军队的名选手杰利·鲁卡斯，能完全记住曼哈顿地区电话簿上的大约 3 万多家的电话号码。他使用的就是这种"数字编码记忆法"。

编码记忆在听人讲话或读书时也可应用。我们听讲时有必要详细记住重点，我们读书时也可以将重点一个个编码，以便记忆。

在日常生活中我们尽可能多使用身体的左侧，也是很重要的。身体左侧多活动，右侧大脑就会发达。右侧大脑的功能增强，人的灵感、想象力就会增强。比如在使用勺子的时候用左手，拍照时用左眼，打电话时用左耳。

四、制造夸张，荒谬记忆

开发右脑的方法有很多，荒谬联想记忆法就是其中的一种，我们在前面已经找到，右脑主要以图像和心像进行思考，荒谬记忆法几乎完全建立在这种工作方式的基础之上，从所要记忆的一个项目尽可能荒谬地联想到其他事物。

古埃及人当时并不懂得记忆的规律才有此疑问。其实，在记忆深处对那些荒诞、离奇的事物更为着迷……这就是荒谬记忆法的来源，概括地讲，荒谬联想指的是非自然的联想，在新旧知识之间建立一种牵强附会的联系。这种联系可以是夸张，也可以是谬化。例如把自己想象成外星人。在这里，夸张是指把需要记忆的东西或缩小，或放大，或增加，或减少等。谬化，是指想象得越荒谬，越离奇，越可笑，印象越深刻。

对青少年来说，荒谬记忆法最直接的帮助是你可以用这种记忆法来记住你所学过的英语单词。例如你用这种方法只需要看一遍英语单词，当你一边看这些单词，一边在头脑中进行荒谬的联想时，你会在极短的时间内记住近 20 个单词。

例如，记忆"Legislate（立法）"这个单词时，可先将该词分解成 leg、IS、late 三段字母，然后把"Legislate"记成"为腿（Leg）立法，总是（is）太迟（late）"。这样荒谬的联想，以后我们就不容易忘记。关于学习科目的记忆方法，我们在后面章节中会提到。在这一节中，我们从最普通的例子说明荒谬联想记忆应如何操作。

以下是 20 个项目，只要应用荒谬记忆法，你将能够在一个短得令人吃惊的时间内按顺序记住它们：

地毯、纸张、瓶子、床、鱼、椅子、窗子、电话、香烟、钉子、打字机、鞋子、麦克风、钢笔、留声机、盘子、胡桃壳、马车、咖啡壶、砖。

你要做的第一件事是，在心里想到一张第一个项目的图画"地毯"。你可以把它与你熟悉的事物联系起来。实际上，你要很快就看到任何一种地毯,还要看到你自己家里的地毯。或者想象你的朋友正在卷起你的地毯。这些你熟悉的项目本身将作为你已记住的事物,你现在知道或者已经记住的事物是"地毯"这个项目。现在,你要记住的事物是第二个项目"纸张"。

你必须将地毯与纸张相联想或相联系,联想必须尽可能地荒谬。如想象你家的地毯是纸做的,想象瓶子也是纸做的。

接下来,在床与鱼之间进行联想或将两者结合起来,你可以"看到"一条巨大的鱼睡在你的床上。

现在是鱼和椅子,一条巨大的鱼正坐在一把椅子上,或者一条大鱼被当作一把椅子用,你在钓鱼时正在钓的是椅子,而不是鱼。

椅子与窗子:看见你自己坐在一块玻璃上,而不是在一把椅子上并感到扎得很痛,或者是你可以看到自己猛力地把椅子扔出关闭着的窗子,在进入下一幅图画之前先看到这幅图画。

窗子与电话:看见你自己在接电话,但是当你将话筒靠近你的耳朵时,你手里拿的不是电话而是一扇窗子;或者是你可以把窗户看成是一个大的电话拨号盘,你必须将拨号盘移开才能朝窗外看,你能看见自己将手伸向一扇玻璃窗去拿起话筒。

电话与香烟:你正在抽一部电话,而不是一支香烟,或者是你将一支大的香烟向耳朵凑过去对着它说话,而不是对着电话筒,或者你可以看见你自己拿起话筒来,一百万根香烟从话筒里飞出来打在你的脸上。

香烟与钉子:你正在抽一颗钉子,或你正把一支香烟而不是一颗钉子钉进墙里。

钉子与打字机:你在将一颗巨大的钉子钉进一台打字机,或者打字机上的所有键都是钉子。当你打字时,它们把你的手刺得很痛。

打字机与鞋子:看见你自己穿着打字机,而不是穿着鞋子,或是你用你的鞋子在打字,你也许想看看一只巨大的带键的鞋子是如何在上边打字的。

鞋子与麦克风:你穿着麦克风,而不是穿着鞋子,或者你在对着一只巨大的鞋子播音。

麦克风和钢笔:你用一个麦克风,而不是一支钢笔写字,或者你在对一支巨大的钢笔播音和讲话。

钢笔和收音机:你能"看见"一百万支钢笔喷出收音机,或是钢笔正在收音机里表演,或是在大钢笔上有一台收音机,你正在那上面收听节目。

收音机与盘子:把你的收音机看成是你厨房的盘子,或是看成你正在吃收音机里的东西,而不是盘子里的。或者你在吃盘子里的东西,并且当你在吃的时候,听盘子里的节目。

盘子与胡桃壳:"看见"你自己在咬一个胡桃壳,但是它在你的嘴里破裂了,因为那是一个盘子,或者想象用一个巨大的胡桃壳盛饭,而不是用一个盘子。

胡桃壳与马车:你能看见一个大胡桃壳驾驶一辆马车,或者看见你自己正驾驶一个大的胡桃壳,而不是一辆马车。

马车与咖啡壶:一只大的咖啡壶正驾驶一辆小马车,或者你正驾驶一把巨大的咖啡壶,而不是一辆小马车,你可以想象你的马车在炉子上,咖啡在里边过滤。

咖啡壶和砖块:看见你自己从一块砖中,而不是一把咖啡壶中倒出热气腾腾的咖啡,或者看见砖块,而不是咖啡从咖啡壶的壶嘴涌出。

这就对了!如果你的确在心中"看"了这些心视图画,你在按从"地毯"到"砖块"的顺序记 20 个项目就不会有问题了。当然,要多次解释这点比简简单单照这样做花的时间多得多。在进入下一个项目之前,只能用很短的时间再审视每一幅通过精神联想的画面。

这种记忆法的奇妙是,一旦记住了这些荒谬的画面,项目就会在你的脑海中留下深刻的印象。

魔力悄悄话

我们每天所见到的琐碎的、司空见惯的小事,一般情况下是记不住的。而听到或见到的那些稀奇的、意外的、低级趣味的、丑恶的或惊人的触犯法律的异乎寻常的事情,却能长期记忆。因此,在我们身边经常听到、见到的事情,平时应当也要注意它。

五、比喻记忆，妙趣横生

　　比喻记忆法就是运用修辞中的比喻方法，使抽象的事物转化成具体的事物，从而符合右脑的形象记忆能力，达到提高记忆效率的目的。人们写文章、说话时总爱打比方，因为生动贴切的比喻不但能使语言和内容显得新鲜有趣，而且能引发人们的联想和思索，并且容易加深记忆。

　　比喻与记忆密切相关，那些新颖贴切的比喻容易纳入人们已有的知识结构，使被描述的材料给人留下难以忘怀的印象。其作用主要表现在以下几个方面。

　　1. 变未知为已知：例如，孟繁兴在《地震与地震考古》中讲到地球内部结构时曾以"鸡蛋"作比："地球内部大致分为地壳、地幔和地核三大部分。整个地球，打个比方，它就像一个鸡蛋，地壳好比是鸡蛋壳，地幔好比是蛋白，地核好比是蛋黄。"

　　这样，把那些尚未了解的知识与已有的知识经验联系起来，人们便容易理解和掌握。

　　2. 变平淡为生动：例如朱自清在《荷塘月色》中写到花儿的美时这么说："层层的叶子中间，零星地点缀着些白花，有袅娜地开着的，有羞涩地打着朵儿的，正如粒粒的明珠，又如碧天里的星星。"

　　有些事物如果平铺直叙，大家会觉得平淡无味，而恰当地运用比喻，往往会使平淡的事物生动起来，使人们兴奋和激动。

　　3. 变深奥为浅显：东汉学者王充说："何以为辩？喻深以浅。何以为智？喻难以易。"就是说应该用浅显的话来说明深奥的道理，用易懂的事例来说明难懂的问题。

　　例如，有人讲述生物学中的自由结合规律时，用赛篮球来作比喻加以说明：赛球时，同队队员必须相互分离，不能互跟。这好比同源染色体上的等位基因，在形成 F1 配子时，伴随着同源染色体分开而相互分离，体现了分离规律。赛球时，两队队员之间，可以随机自由跟人。这又好比 F1 配子形成基

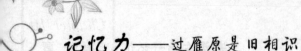

因类型时，位于非同源染色体上的非等位基因之间，则机会均等地自由组合，即体现了自由组合规律。赛篮球人所共知，把枯燥的公式比作赛篮球，自然就容易记住了。

4.变抽象为具体：将抽象事物比作具体事物可以加深记忆效果。如地理课上的气旋可以比成水中漩涡。某老师在教聋哑学校学生计算机时，用比喻来介绍"文件名""目录""路径"等概念，将"文件"和"文件名"形象地比作练习本和在练习本封面上写姓名、科目等；把文字输入称为"做作业"。各年级老师办公室就像是"目录"；如果学校是"根目录"的话，校长要查看作业，先到办公室通知教师，教师到教室通知学生，学生出示相应的作业，这样的顺序就是"路径"。这样的形象比喻，会使学生觉得所学的内容形象、生动，从而增强记忆效果。

又如，唐代诗人贺知章的《咏柳》诗：

碧玉妆成一树高，万条垂下绿丝绦。

不知细叶谁裁出，二月春风似剪刀。

春风的形象并不鲜明，可是把它比作剪刀就具体形象了。使人马上醒悟到柳树碧、柳枝绿、柳叶细，都是春风的功劳。于是，这首诗便记住了。

运用比喻记忆法，实际上是增加了一条类比联想的线索，它能够帮助我们打开记忆的大门。但是，应该注意的是，比喻要形象贴切，浅显易懂，这样才便于记忆。

六、利用录音刺激右脑记忆

著名的右脑训练专家七四真博士指出：

通往深层意识的神经回路一旦打开，通往右脑的神经回路也就自然开启，就可以在脑海中看到鲜明的记忆图像，可以利用想象力使记忆变得简单并永远保存下来，而且无论何时都能够作为图像记忆再现出来。而打开神经回路的一个重要方法就是依靠反复背诵所发出的振动音。录音机，尤其是复读机为反复朗读和背诵提供了各种有利的条件。

说起录音机（尤其是复读机），我们的眼睛便会一亮：这种以声助记法，作用真的还不小呢。因此，我们应时时在意，把必须记忆的内容由自己录下来，多次反复地播放，完全用耳朵听记。一边听一边记忆听过的内容，那就会精神集中，认真对待。

录的音有节奏，按节奏进行记忆也能提高效果。能够反复地听录音机，可把记忆渗透到无意识的领域里去。从某种意义来说，这样做可以把平面的记忆提高到立体的记忆。

斯蒂芬·鲍威森 9 岁时，学校每星期举办一次背诵圣经章句的比赛。开始的时候，他的目标是只要勉强记住就谢天谢地了，但在接下来的那个星期日，他居然把整年比赛的章句全都背了出来，令人大感惊奇。

鲍威森十几岁读预科学校时，选读了希腊文。有一次，老师指定一周后要背诵 21 行史诗《伊利亚特》。但到那一小时课上完时，鲍威森已把 21 行都背熟了——并且他称他听课时很专心。接着，他又把那史诗的前 100 行都记住了。

在接下来的 44 年，鲍威森完全放弃了希腊文。然而 60 岁的鲍威森重读《伊利亚特》时，他发现自己仍能背出前 100 行。"我灵机一动，一个主意上了心头"，他说，"我何不把全篇《伊利亚特》都背下来？"10 年后，鲍威森已能背诵 24 卷《伊利亚特》中的 22 卷，这不但在他那把年纪，就是在任何年纪，也是极难得的成就。

记忆力——过雁原是旧相识

一个六七十岁的人居然能够记住这么多,实在令人惊讶,因为一般人都深信年纪越大便记性越差。鲍威森如此不凡的地方究竟何在? 我们能从他身上学到些什么?

鲍威森的方法是把一本书读出来录音,然后再诵读几遍,肯定自己明了每个字的字义。"同时,"他说,"我也试图想象自己身临其境。"他把每一段都一读再读,然后反复重读每一行,直到记住为止。他每次背诵若干行,直到整段都记得滚瓜烂熟。熟记了几段之后,他便一口气把它们背出来。他这样继续下功夫,直到把整本书都背完。有时他背诵腻了,便转而听他自己的录音带,这帮助他把所读的东西牢记在心。

利用录音机来进行记忆训练,应按几个步骤进行,下面我们以背课文为例详细介绍。

(1)按朗读速度录下课文中每句话的一两个词,即在录音时先默读,到该词时发声读,对句中其余的词默读就行了。然后放录音,同时背诵课文,让录下的词提示自己在有限的时间内顺利地背出来。录音前,在准备发音的词下标号,避免遗忘,保证录音过程顺利进行。

(2)将背诵文中容易出错的地方的正确词句录下来,再在放录音的同时小声背诵。尽量做到不让自己背诵速度慢于录音速度,也不要企图靠录音提示,自己主动回忆,背错或背不出时,倾听录音机发出的正确读音。

(3)录一遍完整的课文,抢先在放录音前两三秒开始背诵。如果没有把握,先跟录音同时背诵一次。

如果是政治之类的内容,把提出的问题录下,如"请解释什么是爱国主义",录下这句话后留空一段刚够回答这个问题的时间,然后又录"请解释什么是国际主义",再留空刚够回答的时间。这样迫使自己适应声速记忆。

在成长过程中学生的学习动机、学习态度、学习兴趣和学习能力等方面都会得到新的发展。他们的记忆力逐渐过渡到成熟阶段,不但在单位时间内的记忆量随年龄而持续递增,而且在记忆目的、内容和方法上也呈现新的特点,因此,不同的学科要用不同的方法增强记忆。

第十一章
增强记忆的方法

　　某位大科学家曾经说过,只要是能查到的事情,他就不会用心去记。这份潇洒自然很令人美慕,但在实际生活中我们却发现,有一个良好的记忆力多么方便。即使不一定要把自己的头脑变成一个资料库,但某些基本事情的记忆力还是要培养的。

一、人名与相貌的记忆

"世界上最悦耳的音乐莫过于自己姓名的声音",这是引自卡耐基的《使人感动》这本著作中的一句话。由于被人记住姓名和相貌而遭受损失的人大概不会有,比问他"对不起,你贵姓?"这样心情会更好些。事业上有成就的人一般都有着良好的记忆力。很多记者曾报道:罗斯福只要见你一次就可以认出你,并能叫出你的名字。记住别人的姓名是对他最好的关注。相反遗忘别人的姓名,却是伤了他的自尊心。

有的人在街上突然遇到熟人,寒暄、亲热、打招呼,可怎么也想不起来对方的姓名。如果向那人询问,又觉得很不礼貌,甚至最后分手时还没想起来,弄得十分尴尬。

许多伟人记人名的能力特别强,我们的周恩来总理,能记住不少演员、作家、干部、农民、工人、劳模、外国朋友的名字,经常脱口叫出对方的名字,使人十分惊讶。据传,古代马其顿王亚历山大能叫出他统率的全部一万名士兵的名字。法国的拿破仑和俄国著名将领苏沃洛夫也有类似本领。

以惊人的记忆力记别人姓名和相貌而闻名的人,并不需要用魔术手法和灵丹妙药。其绝妙之处在于采用比其他人意识性好些的方法。即使有人比别人记忆姓名和面貌快,那也不是天赋,而是后天锻炼得来的才能,这些人是通过忠实地实施几个重要的心理法则而获得了惊人的记忆力的。

显然,多记人名、记住人名,是一件很重要的事情。在这里我们概括介绍几种很有用的帮助记忆人名的方法。

1. 听到名字后要立即记忆

不记住对方的名字,工作就做不好。想打个电话,只记住了公司名,却记不起重要的对手的名字,就会毫无办法。即使你接过人家的名片,可是忘记了他的名字,想查一查也要费点劲。

反过来,给只见过两次面的人打电话时,假如对方完全想起了你,你就可以放心了;假如人家忘记了你,无视你自己的存在,你也同样会感到失望。

在人们中间,有特别能记人名字的所谓"天才"。哪怕是在一起只开过一次会,说了几句寒暄话。就能把人家记得很清楚。被记住名字的人,一想到对方这么看重自己,心情也会好起来。在这种情况下,哪怕是不感兴趣的生意,他也会说:"您好! 如果这么说的话,那就让我再考虑考虑。"说不定这样一来会谈就会顺利进行。

对重要对手的名字,在初次见面时就应该牢牢记住。

记不住别人的名字和面貌的最大原因,是由于开始时没有把人家的姓名和面貌强记在头脑中。介绍别人的姓名,实际上很多情况是在无法预料时突然进行的。在某种集会上对初次见面的人,往往不太注意听别人介绍姓名,最多也只是当他走后在嘴里自言自语地叨念一下。

凡是对自己来说重要的人名,在初次见面交谈时应牢牢地记住。

当没听清楚对方的名字时,或者不熟悉对方姓名是哪几个字时,应该毫不犹豫地反问一句:

"对不起,我没听清楚您的话,您怎样称呼?"

或者说:"这真是个少见的名字啊! 它是怎样写的呢?"

对方听了你的问话,会感到你对他的强烈关心,对你会少了戒备心,而有一种亲切感。

如果知道了对方的姓名,为了加深对他姓名的印象,可以在以后和他的谈话中,有意识地把他的姓名引入话题。当然,把对方的姓名引入问题一定要适量,掌握好分寸,不要言必"XX 先生",重复一两次能记熟别人的姓名就行,重复多了,人家会反感。但当你说"再见"时,可以再使用一次这个名字。

2. 记人名时可用联想法

记忆别人的姓名时,最好在心中把那人的姓名用醒目的字写出来;并在头脑中描绘出那个人的面貌,在心中再现那个人的所有特征(头发、鼻子、眼睛、嘴,甚至哪儿有黑痣等等)。

中国人的名字由两个字组成的居多,所用汉字大多是有意义的。所以,可把那汉字的意义描绘成图,与他本人联系起来,日后在同他见面时,很快地就会把那个物象浮现出来。比如李文革,张援朝,这类名字具有时代大事件的特征,当然就很好记了。

有的人的姓名,从字面看,没有什么特别的意义,记起来要难一些,这时,就要形象联想。比如白山木这一姓名,你可想象到山上的树木。

这些形象的联想虽然离奇古怪,但越是荒唐无稽却越能记住。因为这样一来,就不容易与其他姓名混淆了。

考虑对方名字的意义,养成想象的习惯,对记忆人名是较为容易的。

3. 利用名片来记忆

现代商业活动中使用最为频繁的,就是电话、记事本和名片。若是没有它们,工作一天也无法进行。这里谈谈帮助记忆的名片的使用方法。

因工作上的关系遇到初次见面的客户时,交换名片已经成为惯例。对写着对方的公司名、职称、姓名、住址、电话号码等重要项目的小卡片不加以有效利用的人是没有的,每个人都应尽可能最大限度地利用它。

首先,把名片从对方手中接过来以后,先开口出声地念两三遍公司名、职称、姓名。对地址也过一下目,记在脑子里。然后就从名片得到的情况,向对方表示致歉,或者在不损害气氛的情况下向对方提出点问题,也是记住对方的一个好方法。

过一会儿对方的谈话结束了,分了手,这时把刚刚到手的名片再拿出来,在正面记上会见的年月日、地点、谈话的内容、对方特征。在会面时能写几句备忘录当然也可以,最好不要当面去写。

那张记人情况的名片,整理好后,放在名片夹里保存。摆列时可以姓氏为序,也可以会晤的年月日、公司名、职业、地域为序,只要用起来方便,无所不可。会面两次以后,一定要把那张名片核对清楚之后再出去。这样会面时,人家就会很高兴,觉得你很了解他。在一天中会见很多人的时候,用这个方法是有效的。

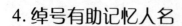

4.绰号有助记忆人名

很多人有这种体会：在离开母校几十年的校友会上，喊老师和同学的名字，还不如喊他们的绰号来得容易。有时绰号喊出来了，但怎么也叫不出他们的名字来。绰号之所以喊得出，无非是抓住了那个人的名字、性格、表情、身体上的某些特征，并被频频使用，所以留在记忆里，很容易想起。

让我们在记忆人名的时候利用绰号吧。记住名字是目的，所以绰号与本名必须有某些关联。最好是把绰号与该人的体格、性格特征关联起来，使其有一种幽默感而难以忘记。但是这里所说的喊绰号，只是在心里喊他，决不可以叫出口来。

记忆别人的名字以及相貌是我们工作的第一步，同时，对我们的人际交往有着不可磨灭的作用。谁会不愿意被别人记住姓名呢？这可以满足人性的最基本需要，即感觉自己重要，以及得到别人的接受和尊重。

二、时间与数字的记忆

现实生活中,常常会遇到数字和日期的记忆,比如好友的生日,客户的电话号码,你不慎将自己的身份证丢失了……诸如此类的例子有很多。面对这些抽象的数字,你也许会无所适从。请不必担心,只要你找到它们之间的规律,那么记起来就容易多了,你可以在轻松愉悦的氛围中快速记住数字和日期。

1. 如何记住约会时间

请看这样一个假设:你与朋友约好下午 2 点在西单商场的一楼门前见面。从公司办公室内到西单需 20 分钟,并且 1 点 35 分客户要打来电话,所以你必须到那时候才可以去赴约。在这个假设中有两个时间表:下午 1:35、2:00。

我们要将此通过形象联想法来记忆。

在心中先描绘出自己面对桌子而坐,桌子上电脑,时值 1 点 35 分钟。然后,描绘一下自己 2 点钟西单商场门口会见朋友的情景。再进行一些愉快的联想,也许他带着一束美丽的鲜花,将这种情景在头脑中会合起来,每隔一定时候反复联想一次。这样一见到桌子,见到周围的情况就会不可思议地想起约会来。这是潜意识起作用。你肯定会在 1 点 35 五分以前坐在桌子旁接电话,并在约定的时间到达商场门口。

因此,为了记住约会和工作,在心中描绘见面的地点或去办事的地方。这两个地方尽量清楚地结合起来考虑,并且隔一定时间重复这种联想。因此,与别人相约应该在哪儿等候时,为了信守约定一定要选择你能想象的场所。假若能与某些愉快的联想结合起来,记忆效果更好。

为此,只需对你要办的事情按先后顺序进行联想就行了。

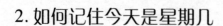
2. 如何记住今天是星期几

有时有人会问:"今年12月4日是星期几? 星期一还是星期四?"

学会知道星期几的方法如下:

在本子上记下每月的第一个星期日。比如2005年12个月的第一个星期日是:

6、3、3、7、5、2、7、4、1、6、3、1

知道了12个月的第一个星期日,便能推知全年365天中的任何一天是星期几。实际上,知道了一个月的一个星期日,便知道了全月的其他星期日,而知道了全月的星期日,便知道了每一天是星期几。

这样,为回答12月4日是星期几,只需要看一下第12个数字,这是个1。原来,12月1日是星期日,那么12月4日自然是星期四了。

怎样才能记住12个月的第一个星期呢? 可运用前面已学过的分组记忆法,也可以用偶数记忆法,甚至可用卡片记忆法,把形象化的卡片编成连贯的故事,以增强记忆。

总之,每当新年伊始,便要努力记住全年12个月的第一个星期日,这等于把年历卡装在脑子里。

3. 如何记住重要日期

在学校学习时,我们常常不得不记住某一历史事件的年代,这没问题。因为在你的联想中,除历史事件本身之外,只需再加一个代表年代的词。

例如:要记忆马克思出生年月日:1818年5月5日我们可以这样记忆,马克思的诞生对资本主义的资本家来讲无异于一磅重量炸弹,一记响亮的耳光。

我们就可以这样记忆:马克思一巴掌(18),一巴掌(18),打得资本家呜呜(55)哭。这样就记住了:1818年5月5日。

又如:记忆唐朝建立年份:公元618年,李渊见糖(建唐)留一把(618)。

我们可以记忆成,一般我们不管大人还是小孩都爱吃糖,我们记忆成:

见糖留一把(建唐618)。

记忆的方法很多,我们可以采用数序形象挂钩记忆法进行记忆。数序形象挂钩记忆法有什么好处?举个简单的例子,为什么大多数人的钥匙都丢不了?因为大多数人的钥匙都环环相扣有固定的位置,伸手就可以摸到。为什么火车每节车厢都有编号?因为这样乘客不易上错车,火车也不会脱离车厢,因为每节车厢与车厢之间都有一个挂钩,使火车紧紧联系在一起。

4. 关键数字的记忆

下面,我们再看看具体数字的记忆方法:

(1)生日时间。你朋友的生日是1965年9月24日,可记为:朋友过生日那天骑着老虎(65),拎着酒(9),带着儿子(24),到自己家里来。本月14日下午1点要与女朋友去看电影,可记为:过几天与朋友看电影时要举行仪式(14),送她一玉扇(13)。

(2)商品价格。香蕉0.85元一斤,可记为:上次买香蕉,那香蕉在柜台上直跳芭蕾舞(85)。牡丹香烟8.6元一盒,可记为:香烟上的牡丹都献给八路(86)军。

某位大科学家曾经说过,只要是能查到的事情,他就不会用心去记。这份潇洒自然很令人羡慕,但在实际生活中我们却发现,有一个良好的记忆力多么方便。即使不一定要把自己的头脑变成一个资料库,但某些基本事情的记忆力还是要培养的。

三、讲话和文章的记忆

现实中,常常会出现这样的情况,一个准备演讲的人,他认为自己的记忆力不好,就采取了一个最笨的方法:逐字逐句地背下讲话稿,其结果是在任何地方忘了一个词语,这个讲话就不能顺利进行。为什么非要去想那一个词语不可呢? 如果想不起来,为什么不用另外的单词来代替呢?

有的人已意识到这一点,并认为还有一种好方法,那就是干脆照本宣科地解决问题。但是这样做其最终结果是你与稿子似乎毫无相关,甚至还有可能完全忘掉你正在讲的内容。除此之外,听别人照本宣科念稿的人也会产生一种微妙的烦恼情绪。

还有一种方法就是讲话前不做任何准备。事实上,即使你对自己的题目了如指掌,也很有可能忘掉一些你打算提到的事实,就像那些巡回传教士的情形一样。他们总是抱怨往往在回家的路上才有自己最精彩的讲演,所有对听众忘了讲的话这时全都想了起来,而这些回想起来的东西往往又是讲演中最精彩之处。

准备演讲的最好方法是将要讲的内容进行安排。许多成功的演说家都是如此。他们仅仅是将自己要表达的所有观点和想法列成一个单子,让它起提示作用。这样一来,由于你事先没背过什么,也就不存在会忘掉什么的问题,这样做同时也显示了你的重要性。只要扫一眼你的单子,就知道下边该说什么,并将用语言表达出来。

但是对于那些不愿依靠纸条提示的人来说,连接法也行之有效。从头到尾挨个记住要讲的内容,这本来就已构成了个序列,这也就是为什么应当用连接法来记忆的原因。

建议你不妨这样试试。首先,将整个讲话稿写一遍或读一遍,当感到满意之后,再读一遍或两遍,以抓住要点,然后将关键词列在一张纸上。

读一读讲话的第一段内容,也许有两三句话,其余者无关紧要。现在从这些句子里先找出一两个你认为可以使你想起整段内容的关键词语。这样做并不困难,在每个句子或段落中,总有某个词语可以让你记起整段内容。

找出一段内容中的"关键词"以后,接着去找第二段内容中的"关键词",照此下去。当看完整个讲话后,你就会找到一系列的关键词提醒你要说的整篇讲话。实际上,讲话时将这个单子放在前面,也可以达到同样的目的。然而如果掌握了这个连接体系,将这些关键词连接起来,然后将纸条扔掉,也同样是一件容易做到的事。

但如果由于某种原因,你想逐字记住一篇讲话内容,同样的方法其实也行。你只需把所列的关键词多复述几遍。记住这些关键词将帮助你增强实际记忆力。"如果你记住了主要的部分,次要部分都会各就各位。"实际上你绝不会忘掉已记住的东西,所需要的只是通过某种提示来重新回想起来它而已。

如果你愿意的话,用这个方法也可以用来记所有你读到的文章。先能读一遍抓住要点,然后找出每个内容里的关键词,最后将它们连在一起记下来,这样就记住整篇文章。稍加训练,你就能够在读文章时就用这一方法。

在为了消遣而读书的时候,笔者也碰见一些想记住的东西。在进行这样的阅读时,笔者不过是作一番有意识的联想而已。这种方法如果充分应用,可以大大提高你的阅读速度。我认为大多数人阅读速度很慢的原因是当他们读到第三段时,又将第一段的内容忘掉了,因而不得不回过头去再读一遍。

当然,没有必要对文章里的一切事物都加以联想,需要联想的只是那些你感到有必要记住的项目。美国某教育学家将读者分为两类,他这样说道:"我将所有的读者分为两类,为了记住而读书的人和为了忘记而读书的人。"如果你就用了上述的方法,就会成为这两类读者中的第一类读者。

在记忆诗歌或剧本时,也可以用同样的关键词连接系统,当然这些东西通常需要逐字记住。因此,你得将它们多记几遍。"关键词"的方法会让你记起来容易得多。比如,作为演员,如果你很难记住剧中的提示,那么就将其他演员台词中的最后一个词与你的台词中的第一个词联系起来。这样,在做动作之前,如果台词的最后一个词碰巧是"走"字,并且剧本要求你弯下腰去拾起烟蒂。这样一来,你就决不会岔到其他人的台词中去了。

只要你多多实践,反复使用了关键词记忆,你记忆故事轶闻的能力会立即得到提高。从故事中找出一词——最好是从妙语中选出一个词。根据这个词,你就能记住整个笑话。找出那些关键词以后,你就可以将它们连接起来,按顺序去记住所有的故事。

在记忆过程中,你正常的或真实的记忆力起主要作用,这些方法不过是帮助你记得容易一点。在应用上述方法时,你会发现自己的真实记忆力增强了。

为了引起联想,你首先必须认真地观看和观察那些画面上的照片。其结果是当别人问起其中无论哪一页时,替代那一页页码的关键词都能帮助你将那一整页的内容差不多重现在你心中,你就会知道图片在那一页的什么位置上。

演讲记忆训练人们可以借助轨迹方法记忆文章、购物单或一篇演说的重点。

训练方法:仔细观察房间里的物体,例如桌子、沙发、壁柜、落地灯和窗户等,把这些物体富有想象力地与一篇演说的要点联系起来,在每一个物体上"确定"一个提示,然后作报告时,在脑子里把房间里的东西过一遍,再把相应的要点调出来。

政治、语文等学科有时需要背诵大段大段的文字。一篇文章或一个解答作为一个整体,段落间、句子间是依靠一定的逻辑关系联系、组织起来的。背诵时,应先了解全段文字的大意,再把全段文字按意思分成若干相对独立的"层"。每层选出一些中心词来,用这些中心词联结周围一定量的句子。回忆时,用中心词把句子带出来,达到快速记忆的效果。如背诵鲁迅散文诗《雪》中的一段:

但是,朔方的雪花在纷飞之后,却永远如粉,如沙,他们决不粘连,撒在屋上、地上、枯草上,就是这样。屋上雪是早已就有消化了的,因为屋里居人的火的温热。别的,在晴天之下,旋风忽来,便蓬勃地奋飞,在日光中灿灿地生;光,如包藏火焰的大雾,旋转而且升腾,弥漫太空,使太空旋转而且升腾地闪烁。

我们把诗文分为三层,并提出三个中心词:

(1)如粉。大脑浮现北方的纷飞大雪撒在屋上、地上、枯草上的图像。因为"如粉",所以"决不粘连"。

(2)屋上。使我们想到屋内人生火,屋顶雪融化的图像。

(3)晴天旋风。想象一个壮观的场面:旋风卷起雪花,"在晴天之下",旋转的雪花反射着阳光,"在日光中灿灿地生光",其必定"如包藏火焰的大雾,旋转而且升腾"。是大雾,当然;"弥漫太空"。反射阳光的雪花"使太空旋转而且升腾地闪烁"。

这样从中心词引起想象,再根据想象进行推理,背这一段就感到容易多了。

一切科学的记忆方法,都要求记忆建立在理解的基础上,正所谓"读书须求甚解"。只有理解了文章的意义,记住了主要内容和思想后,找出中心词,重复诵读,才能背诵。

也许你正在为记忆一篇长演讲词而发愁,此时你一定很敬佩那些把演讲词倒背如流的人。其实,熟记演讲词并不是一件难事,你只要学会了如何记忆的方法,一切就变得简单起来了。

四、重要日期和约会的记忆

生活中有一些必须记住的琐事,包括你必须赴的约会、许下的诺言、非做不可的日常琐事、存放东西的隐蔽点、必须避免的危险,以及其他诸如此类你必须担心的事。记住这些琐事的方法有很多,你可以运用人工备忘录,大大提高你对这类事情的记忆;你可以按照一个固定的顺序去排列这些事情;你可以下意识主动记忆;你可以为自己拟订一份今日的工作安排表;你还可以运用联想,将记忆作为一种游戏……只要你用心,你就会发现诸多的生活琐事,记忆起来也相当容易,你再也不会因忘记某事而烦恼,更不会怀疑自己的记忆力。

所以,拥有诸多琐事的你,应该充分利用这些措施来确保自己完成必须做的事情。如果你和商会主席之间将要有一个重要会议,那么这时你就不应接手处理另一件马上需要解决的事情,不然你肯定会忘记这个会议。大脑记住这类事情的条件是它绝对不能受到干扰……而我们很清楚,事实往往并非如此。

要记住一次约会或一件特别的事情,关键在于记住它们的时间。备忘录最重要的一个特点就是它能够经常引起你的注意,这样你才能记住特殊的日子和时间。如果你不去经常查阅,那么你办公室书桌上的记事日历、放在家里的记事本以及放在口袋里的备忘录将毫无用处。

你应该养成定期查阅这些备忘录的习惯,每天规定几个特定的时间——天天在同一时间查阅。如果你和别人订约会的时候记事本不在身边,你可以在随身携带的小备忘录里记一笔,然后尽快把它抄至日历上相应的地方。你应该习惯于在每天临睡前查看笔记,这样你就不会忘记家庭记事本上的事情。此外,你还应该养成每天定时查看随身携带的小备忘录的习惯,这样你就能随时提醒自己。

如果方便的话,你可以把记事笔记贴在一块小布告板上,把布告板放在一个固定的、显眼的地方,这是一个让自己记住事情和约会的好办法。在家里,你可以把布告板放在浴室里,因为是你每天早晨第一个要去的地方;你也可以把它挂在你出家门时要经过的门边墙上。你应常备一支铅笔和足够的空白纸张,以供需要的时候使用。

你可以从日历、随身携带的小备忘录、布告板等备忘措施中任先一种或几种你认为能够帮助你记住约会的最有效的措施。但是你一定要保证它们能经常、定时地引起你的注意!

但是生活中,在很多情况下我们不可能采用这类措施。这时你就必须完全依靠你的大脑进行记忆。通过培养一些有用的好习惯,大脑就能在你需要它的时候替你好好效劳。

你在做各类事情的时候,应该尽量养成一种规律。如果你经常按照固定的顺序做一件一件的事情,那么你的大脑就能把你需要做的日常琐事按照一个明确的次序排好。如果一个学生每天总是在做数学题前背英语单词,那她应该能够想起下一步该做什么。背英语单词是做数学题的"提示";而做数学题又使他想起下一步的学习计划,这样他就记住了今天要做的事情。

朗读和想象往往能帮助大脑进行记忆。你自己发出的声音和想象出来的情景可以成倍提高你的记忆力——在你需要的时候,这些都是大脑进行回忆的辅助手段。

如果你必须把一件特别的事情告诉你的朋友,而你又担心遇见他时会想不起来,那么你可以设想一下你们见面时的情景:你看到自己朝他走过去,和他握手,然后把你想说的事情告诉他。你可以把你要讲的话大声背出来,不过不要引起周围陌生人太多的注意。你可以事先把你将来准备重复给他听的话一字一句地对自己讲一遍。这样,当你真的遇见他的时候,你就能回忆起你事先想象的你们见面和谈话的情景,想起自己必须告诉他一件特别的事情。

如果你经常骑车经过的马路上有一个路障,你可以采用同样的方法来加深自己对它的记忆。当你撞上这个路障的时候,你可以大声说:"在街的中段有一个很大的路障。"

这样,你下次经过这段路面的时候,对上次骑车经历的回忆往往能够引导你绕过这个路障。

如果你担心自己没有把应该做的事情做好,你可以把做过的事情讲一遍,这往往能够减轻你的担心。

记忆力——过雁原是旧相识

即使没有人工备忘措施，大脑本身也能提供足够的应急措施。当你需要回忆必须做的事情时，你只需用过去讲过的话或设想过的情景启发大脑把它们回忆出来。

你也许会给自己写一些小字条，提醒自己别忘了约会、周年纪念日、缴费的日期等等，然后随便地把它放在一张桌子上，或塞进外衣的一个口袋里，希望自己能碰巧及时看到这些字条。其实，你可以用一种简单的方法对这些"备忘字条"进行系统的整理。

五、平常琐事的记忆

生活中需要记忆的零星琐事很多,如果整日奔波的你总是因为忘记日常生活中的琐事而烦恼,其实这样大可不必。下面仅举几例,只要你能灵活地去运用,相信你一定会走出烦恼,在轻松愉快的氛围中记住每一件小事。

1. 关水龙头:打开水龙头后没有水,但又暂时不想关,不过在出门之前自来水还没来的话容易忘记关水龙头。这时,可以想象这样一种场面,自来水从龙头里喷射而出,泛滥成灾,把房门拉手都淹没了,再开门就要从水里摸拉手了。这样记忆,临出门时,一摸到拉手,就会想到水龙头没关了。

2. 带东西:如果第二天上学应该带某件东西,那就把它放在第二天穿的衣服的口袋里,装不下的话就挂在衣服边上,这样第二天你一穿衣服就会想到必须带的东西了。

3. 遗落东西:平日里最麻烦的是遗落东西。诸如把手套遗在同学家里等。这类现象时有发生,怎样防止呢? 告诉你一个最简单的做法:每当你要离开上述场所之前,可用手摸一下额头,想一想需要从这儿带走些什么? 是否有什么落在这里了? 这需要养成一个习惯。别看这方法不起眼,却是最有效的。

魔力悄悄话

很多人容易忘记吃药的时间,可以把药放在钟表边上:一看时间就想起吃药;还可以把药放在饭桌上,吃完饭应该吃药;或者放在电灯开关附近,关灯睡觉前吃药等等。方法不是单一的,找到适合自己记忆的方法,也是十分重要的。

第十二章
饮食作息有助记忆

　　大脑是记忆的场所，大脑细胞活动需要大量的能量。虽然大脑的重量只占人体总重量的 2%-3%，但大脑消耗的能量却占食物所产生的总能量的 20%。因此，充足的营养，是保证大脑正常活动、增强记忆力所必需的。科学家们作了大量的研究后，发现健康的饮食和规律的作息可以增强记忆。

一、大脑所必需的营养物质

法国著名的营养学家杜威特经过长期的研究指出：记忆的能力来自大脑的功能，大脑是记忆的物质基础，记忆效果好不好与大脑有直接关系，而大家往往忽略给大脑补充营养，为此，他提出了大脑所需的营养成分主要有：脂类、蛋白质、碳水化合物、维生素和矿物质等。

1. 脂肪：脂肪是脑所需要的营养物质中最为重要的。从重量来说，脑内的脂肪占整个脑重的 50%～60%，脂肪在支持脑的复杂、精巧的功能方面起着极为重要的作用。因此，必须向脑源源不断地提供脂肪物质，才能培育从事高度复杂功能活动的头脑。脑中所需的结构脂肪和蛋白质，在动植物细胞中常是紧密相连共生共存的，因此，如果能大量摄取结构脂肪，就等于充分满足对蛋白的要求。

植物油中含有不饱和脂肪酸。所谓不饱和脂肪酸是指其分子结构结合成基团时，碳的化合价未达到饱和的意思。不饱和脂肪酸是构成脑的极为重要的营养素，它们的形态多样。它们除了参与脑细胞的组成外，还具有分解胆固醇、防止血液凝固、软化血管、维持神经正常功能等作用，并有助于人的长寿。因此，我们就要适量多吃些植物油如花生油、豆油、芝麻油、玉米油、核桃油，而少用动物性脂肪如猪油、牛油、羊油、奶油等。

另外，脑中脂类含量较多，食物中磷脂含量充足，人就会感到精力充沛，提高工作和学习的效率。近年有生物化学家认为，神经递质乙酰胆碱有传递生物信息的作用，可改善认识和记忆能力。而乙酰胆碱的原料是胆碱和醋酸，所以，多食卵磷脂以及蛋黄、鱼肉等食物，就可以增加脑内对乙酰胆碱的含量。

2. 糖类：从物质结构与作用上看，糖也称为碳水化合物，是重要的热量来源。当然，人体对糖并不是直接吸收的。一般从食物中摄取的糖，在体内是先分解成葡萄糖或果糖、半乳糖，然后才被身体吸收。大脑是大量消耗葡萄糖的器官，自然也是头号消耗热量的器官。大脑所消耗的能量达全身能

量消耗总数的 20%，与其所占全身重量的 2% 相比多出了 10 倍。

科学研究表明，人脑利用能源物质的独特之处，在于它完全依赖血中葡萄糖供给能量；而身体其他器官却可以利用脂肪、氨基酸、糖等各种物质来供给能量。我们也知道，人脑对血糖浓度的变化又极为敏感，血糖降低时，脑的能量供应减少，人就会感到头昏、乏力、疲倦，严重时会发生昏迷，即低血糖休克。低血糖状态长期继续下去，脑神经细胞就会发生不可逆转的变化，即使血糖恢复到正常水平，病人也会留下步态不稳、震颤甚至痴呆等后遗症。因此，只有保证充足的葡萄糖供应，才能使大脑处于良好的工作状态。

3. 蛋白质：与糖类相比，蛋白质也是脑细胞的主要成分之一，占脑干重量的 30% ~ 35%，就重量而言，它仅次于脂肪物质。

脑的功能活动与蛋白质关系密切。蛋白质也是体内细胞膜结构的组成成分，在人的神经冲动、记忆等方面起着重要作用。相应的是，我们所说的营养对脑发育的影响主要也是指蛋白质的营养供应。食物中蛋白质含量充足，就能增强大脑皮质的兴奋和抑制功能，使大脑处于良好的工作状态；但一旦缺乏蛋白质，就会导致精神涣散，不易集中，容易疲劳，在这种不良状态下，记忆力能不差吗？

另外，人体内的蛋白质由 22 种氨基酸组成。这些氨基酸分为"非必需氨基酸"和"必需氨基酸"两种。前者人体可以自己合成，后者人体不能合成而必须由食物摄取。必需氨基酸十分重要，它是参与人体新陈代谢的重要营养物质。例如其中的赖氨酸，会影响婴儿和少年儿童的生长发育。无数实验表明食品中增加赖氨酸的婴儿比不增加赖氨酸的婴儿 5 个月后体重多0.6 公斤，身高多 2 厘米。在儿童组的对比试验中发现，吃添加赖氨酸食品比不吃添加赖氨酸食品的儿童身高多 4.3 厘米，体重多 4.7 公斤，且更加聪明活泼、反应敏捷。

当然，对脑功能来说，"非必需氨基酸"也不能等闲视之。例如此类氨基酸中的谷氨酸，在脑内含量是体内含量的 100 倍。在脑的活动中，它是需要最多的物质。临床证明，谷氨酸能消除脑代谢中产生的氨毒害，对脑有保护作用。

4. 维生素：日常生活中我们每天都在摄入不同种类的维生素，但对于每种维生素的作用，我们却知之不多；对于它们与人记忆的关系，我们就了解得更少了。下面就让我们了解一下吧：

（1）维生素 A、E:维生素 A 是维护视力和促使视力良好所不可缺少的营养素,若体内缺乏维生素 A,可使人患上夜盲症、眼球干燥症、角膜软化症,以及皮肤角化症等疾病。关于这一点有医学常识的人都知道。另外,维生素 A 还有促进脑及全身发育成长,使骨骼发育健全的作用。

维生素 E 的重要作用是它能防止不饱和脂肪酸的过氧化,使脑和身体不致陷于酸性状态。由于脑组织含大量易于氧化的不饱和脂肪酸,因此大脑是比身体更容易受害的部位。维生素 E 可防止头脑和身体的活力衰减,进而起到增进健康和延年益寿的作用。

（2）维生素 B:维生素 B 包括 B_1、B_2、B_6、烟酸、B_{12} 等,一般也称为维生素 B 群或 B 族维生素。它们的作用都是能在脑内帮助蛋白质代谢。如果 B 族维生素摄入严重不足,就容易引起精神障碍。这种精神障碍表现为难以保持精神的安定,而头脑的功能也随之降低。

在 B 族维生素中,B_1 能综合地担负起 B 族维生素各营养成分的功能,也是糖代谢过程中的酶的辅助因子,并可防止因信用糖类过多而出现的危害。

维生素 B_2 在糖、脂肪和蛋白质的代谢中也起着重要的作用。

烟酸是糖代谢过程中酶的辅助因子(辅酸),从而影响大脑中能量的供应。

维生素 B_6 参与蛋白质的代谢,不足时则造成皮肤受侵蚀和蛋白质的合成能力降低。

维生素 B_{12} 缺乏时可会导致贫血,并会影响下肢的知觉而使步行出现障碍。

（3）维生素 C:维生素 C 主要用以提高脑力功能。它不直接向脑提供活动的能源,其作用是使大脑的活动机敏灵活而不至于呆滞。

维生素 C 的作用主要包括:一是身体制造骨、血管、皮肤等结缔组织的必需营养素;二是具有抗菌、抗病毒的作用,对感冒及其他各种传染病都有效;三是提高机体产生免疫作用的抗体的能力,加速使身体产生免疫球蛋白、补体、干扰素等。每个人每日摄取的维生素 C 量最好能有 10 克。这就提示人们必须多吃富含维生素 C 的食物,这样才能强身壮体,使大脑更富有活力。

5.矿物质:人体内有 60 多种元素,分为宏量元素与微量元素两大类。其中,宏量元素(如碳、氢、氧、氮、钙、磷等)在所有饮食中含量丰富,人体一般并不匮乏。而微量元素(如铁、铬、硒、锰、锌、钼、碘等)则不然,不足时会影响健康或缩短寿命.过量又会出毒性反应。

钙对身体的作用是多方面的,其中最重要的是抑制脑神经细胞的异常兴奋。另外,钙也能使身体呈一定程度的碱性状态。正常情况时,人体呈现习碱性状态,若身体倾向于酸性状态,则会感到精神疲劳。这时,即便是再好的头脑,其能力也很难充分发挥。

镁也是保持良好记忆的另一重要元素,人体缺少镁时,体内卵磷脂的合成就会受到抑制而导致记忆力减退,镁离子是维持心肌正常功能和结构所必需的。缺乏镁会产生精疲力竭的感觉。

铁是红细胞中血红蛋白的重要成分,血红蛋白是运输和交换氧气的必要工具。人体缺铁会导致贫血、精神涣散、记忆力减退。

锌是多种酶的成分,与蛋白质、核糖核酸的合成有关。锌能增强记忆和智力,能使孩子的发育和食欲正常,防止老年痴呆的发展。缺锌会引起生长停滞和贫血,这对大脑发育是不利的。

在人体的氧化还原体系中,铜作为一种有效的催化剂而发挥重要的作用。

记忆的能力来自大脑的功能,大脑是记忆的物质基础,记忆效果好不好与大脑有直接关系,而大家往往忽略给大脑补充营养,为此,我们可以通过合理的膳食,来激发我们神奇的大脑,提高自己的记忆力。

二、丰富多彩的健脑食品

美国当代的膳食专家杰尔谱克曾说过:"科学膳食不仅有利于身体发育,更有利于健脑。"所以,现代人应该重视膳食的合理性。

此外,他还指出,丰富多彩的健脑食品不仅可以补充人体必需的能量,也是保证我们的大脑正常学习和工作的最好的能源。具体他建议了以下几种较好的健脑食品:

1.核桃仁:核桃仁是传统的健脑佳品。早在隋唐时代,有人就食用大量核桃仁来增强脑力,以求金榜题名。虽然当时他们不知道核桃仁健脑的真正原理,但人们已从实践中认识到核桃仁的确能改善大脑功能。有趣的是,由于从形态上来看,核桃仁的两个半球,球体上有皱褶和沟回,与人大脑的构造极为相似,中国中医学也由此推出核桃仁有补脑的作用。

核桃仁还有治疗神经衰弱和失眠症的作用。美国人吃核桃仁者相当普遍,全国年产核桃仁达 6 万吨,其中不足 20% 出口,其余全部内销。美国人的知识水平和科学技术水平都相当高,这虽然有多方面的原因,而他们喜食核桃仁的习惯也是一个不容忽视的因素。

为什么核桃仁可以健脑呢? 这是因为核桃仁中含有大量的不饱和脂肪酸,而充足的不饱和脂肪酸可使人具有良好的脑力。至于核桃仁的摄取量,据研究,每人每日吃 2~3 个核桃(剥成核桃仁后共重约 10 克)为宜,儿童更宜经常服用。但过食则会引起腹泻。另外,凡是体内有痰有热而致咳嗽哮喘者,或阴虚有热而致吐血、咯血、鼻出血等症者都不能食用。症状痊愈后,也不宜一次大量食用。

一般来说,生核桃仁不宜多吃,幼儿尤应注意。如果将核桃仁进行炙、烤、炒、炸等方式的加工,再拌以红糖,则可加强其健身、健脑、助消化的效果。

2.红糖:我们已知道,过食白糖可使大脑呈过度疲劳状态,有时还会使儿童患上神经衰弱、精神障碍或其他多种慢性病。而这里要介绍的红糖则是理想的健脑食品。

白糖由于已被精制,其原糖中的营养素已所剩无几,只能提供热量而已,因而吃多了会有害身体,而红糖、蜂蜜等则是未被过分精制的糖,它们仍保持着相当丰富的营养。就钙质来说,在所有糖类中,红糖含钙量首屈一指。

红糖中含铁量也很丰富,因而可用于防治缺铁贫血。在民间,产妇分娩后以红糖水补养已很自然。

3. 蜂蜜:蜂蜜中还含有钠、磷等无机盐和少量维生素 C,就药用健脑强身的价值说,蜂蜜更优于红糖。中医用蜂蜜补虚、润肺、止咳、通便,更用于医治神经衰弱,这些作用对脑功能的保持与发挥都有重要意义。

4. 蔬菜和水果:黄绿色蔬菜和新鲜水果中含有非常丰富的维生素 C,所以多吃这种蔬菜和水果有益于身体和大脑健康。

含有维生素 C 的蔬菜品种繁多。而含量较高的有豆芽菜、辣椒、香椿、芥菜、菜花、油菜、西红柿、小白菜、水萝卜、菠菜、韭菜、马铃薯等。特别是豆芽,所含的维生素 C 最为丰富,这种菜取用方便,物美价廉,堪称健脑佳品。

另外,鲜枣、酸枣、柿子中维生素 C 的含量也相当高,特别为儿童所喜爱。

5. 动物内脏:内脏各有自己的细胞结构和功能,而且这些东西被人体消化吸收后会同类相补。另外,内脏比肌肉含有更多的不饱和脂肪酸,这样就可以使大脑中有充足的不饱和酸来构成脑细胞,从而使人具有良好的脑力。特别是肝脏,它还含有维生素和矿物质等多种营养素,这些营养素对身体和脑的健康大有裨益。

而为了使肉食收到更好的健脑效果,除了要吃内脏和脑等部分外,吃肉时最好是吃带骨肉。这是由于骨内含有大量的钙、磷等矿物质,可以保证身体及脑的正常发育。

6. 海产品:我们知道,鱼体内不饱和脂肪酸的含量比其他动物的含量丰富,因此,鱼肉是比其他动物的肉更好的健脑食物。

而最常见的沙丁鱼、鲤鱼、鳝鱼、鲑鱼、带鱼、青花鱼等都是补脑佳品,特别是沙丁鱼和鲑鱼。一般人吃鱼时,往往只吃身而摈弃内脏。其实鱼的内脏和鱼脑、鱼卵巢中,含有充足的优良健脑物质——维生素 C 和不饱和脂肪酸。因此,为了健脑,不仅要吃鱼肉,还要吃鱼的内脏。对处于身体和脑发育阶段的儿童来说,更应该如此。

在鱼类中,干鱼也值得一提。干鱼含钙量很丰富。在 100 克干鱼中,含钙量达 2700 毫克。钙是稳定脑神经异常兴奋的营养素,脑内有了充足的钙,可以使大脑处于长时间的良好工作状态而乐不知疲。

此外,海藻类食物的健脑强身作用也不容忽视,如海藻类含钙量颇为可观。这些物质都是身体不可缺少的营养素。

7. 豆类食品:我们知道,对于大脑来说,既需要动物蛋白,又需要植物蛋白,而植物蛋白在豆类食品中的含量非常丰富,所以多吃豆类食品对健脑大有好处。

我国自古以来就把豆腐、豆浆、酸豆汁、豆腐干、冻豆腐、腐竹等豆制品作为健身食品。

当然,豆类食品的健脑作用和机制是多方面的。以大豆为例,它含有丰富的蛋白质、脂肪、维生素 A、维生素 B、谷氨酸等大脑所必需的营养物质。这些物质在脑细胞构成及脑的智力活动中各负其责,起着不同的重要作用。

8. 五谷杂粮:关于杂粮的作用,《黄帝内经·索问》中指出:"毒药攻邪,五谷为养,五果为助,五畜为益,五菜为充,气味合而服之,以补精益气。"这里所说的五谷,是各种杂粮的泛称。只有多吃杂粮,身体和大脑所需要的各种营养物质才能得到全面、更多的满足,从而使身体更加健康,头脑更加发达。

杂粮的作用各有不同:如大米产量高,各种营养素含量比例相当平衡;小麦含钙高;小米中富含铁和维生素 B_1,孕妇、乳儿食用对身脑大有好处;黄米中蛋白质含量最高;豆类中有丰富的蛋白质、脂肪等营养素。

生活中各种杂粮不能互相代替,我们可不能偏食。在日本有一个村庄,人们不喜欢吃米,而酷爱吃各种杂粮。村民中长寿者比比皆是,他们不仅身板结实,步履矫健,而且头脑清楚,反应灵活。可以说,五谷杂粮是他们引为骄傲的长寿精粮。

三、健脑饮食的实用配方

意大利的膳食专家查瑞勐特经研究指出:学生正值青春发育期。青春期是人生最美好的时期,是器官逐渐发育成熟,心理发生巨大变化的时期,也是学习压力最重,思维最活跃的时期,因此科学地安排饮食很重要。以下几种食谱可以提高记忆力:

1.醋熘卷心白菜:原料:①主料:水发木耳50克,卷心菜250克。②调料:精盐、味精、酱油、醋、白糖、麻油、生油、湿淀粉各适量。

制法:木耳洗净后挤干水分。将卷心菜老叶洗净切成大片沥干水分。炒锅放人生油,烧至七成熟,即放入木耳、卷心菜煸炒,加精盐、酱油、白糖、味精,烧沸后用湿淀粉勾芡,加醋稍许点麻油,起锅装盘即成。

功效:卷心菜又称甘蓝,性平味甘。甘蓝含有多种营养成分,以维生素E含量较其他食物高。维生素E作为体内重要的高氧化剂,具有延迟衰老的作用。醋熘卷心菜,对补肾壮骨、填精健脑、健胃通络、提高人的记忆力有良好的食疗效果。

2.猪脊羹:原料:猪脊骨1副,红枣150克,去芯莲子100克,木香8克,甘草10克。

制法:木香、甘草用布包好,与莲子、红枣、猪脊骨同放锅内,加水炖烂,去木香、甘草,即可食用。喝汤,吃肉、枣、莲子。2天服食完。

功效:此羹补五脏,益虚劳,健脑增智。

主治青少年记忆力不好及中老年人的智力早退。对先天不足或后天劳损,髓海不足的症状,有较大补益。猪脊骨补肾阴,益精髓,是治疗先天愚呆及后天智力过早衰退的滋补良品。红枣、莲子、甘草健脾补肾,益气填精,健脑增智。木香醒脾开胃。故常常食用猪脊羹,对智力低下、未老先衰及记忆力减退等都非常适宜。

3.炒茼蒿:原料:①主料:茼蒿500克。②调料:精盐、味精、葱丝、生油各适量。

制法:将茼蒿去掉老叶和老茎,洗净切段。热锅加油,放葱丝煸香,放入茼蒿煸炒稍许,放精盐继续煸炒入味,点入味精拌匀,出锅装盘即成。

功效:茼蒿又称蓬蒿菜,有蒿之清气,菊之甘香,含有丰富的胡萝卜素,每百克达 2.54 毫克,具有润滑、强健皮肤、开胃健脾、降压醒脑的作用,还含有胆碱,对增进人的记忆大有益处。

4.金针菇炒胡萝卜丝:原料:①主料:金针菇 100 克,胡萝卜丝 100 克。②调料:精盐、味精、姜丝、食油适量。

制法:将金针菇洗净切段,胡萝卜洗净切丝。炒锅加食油加热,投入金针菇、胡萝卜丝及调料,煸炒至胡萝卜丝半熟,起锅装盘待食。

功效:金针菇是山珍名菜,营养价值极高,其所含人体必需的氨基酸比较齐全。对儿童增加记忆,开发智力,促进发育,均有重要作用。胡萝卜利胸膈,足肠胃,安五脏,含有丰富的胡萝卜素,可促进大脑和全身发育,防止皮肤粗糙和夜盲症发生。二者均可提高机体免疫功能,增强抗病力,并有明显的防癌作用。故常食用金针菇炒胡萝卜丝,可补五脏,益虚劳,健脑增智,用于增强记忆,开发智力。

5.鸡蛋杞枣汤:原料:鸡蛋 2 只,杞子 15 克.30 克,枣子 6.8 枚。

制法:将鸡蛋、杞、枣同煮。待蛋熟时捞出,剥去蛋壳,再放入汤内煮 15 分钟。

功效:鸡蛋中含有丰富的营养物质,蛋黄中含有大量的卵磷脂、胆固醇和卵黄素,对神经系统及身体发育有很好的作用。卵磷脂提高人体记忆力。杞子也有补精健脑的作用,与补脑益气的红枣一起煮汤,能很好地改善和提高人的记忆能力。健忘患者,每日或隔日服 1 次,一般 3 次可以见效。

6.桂圆莲子粥:原料:桂圆 30 克,莲子 30 克,红枣 30 克糯米 60 克。

制法:先将莲子去皮,大枣无核,再与桂圆、糯米煮粥。每日晚,温热时服。

功效:中医认为"灵机记性全在于脑"。大脑与心脾关系最为密切。心脾虚或思虑劳伤,损伤心脾,脑海失养,脑瓜迟钝,理解力差,遇事善忘,或未老先衰,才智骤减。桂圆最善补脾益心,是健脑益智佳品。莲子补脾肾,养心益智,红枣、糯米补中益气,养心补血。故此粥不论青少年或中老年食之,均有健脾养心、补脑益智的功效。脑力劳动者最为适宜。

7.虾皮拌香菜:原料:①主料:香菜 250 克,虾皮 25 克。②调料:味精、酱油、麻油适量。

制法:香菜去杂洗净,放沸水锅中氽一下,捞出洗净,挤去水,切成段,放盘中。加入酱油、味精,再放上虾皮,吃时拌匀即可。

功效:虾皮每克含蛋白质 39.3 克,钙 200 毫克,铁 5.5 毫克等。香菜含丰富的胡萝卜素、维生素 C 等,可使皮肤润滑有弹性,调节人体酸碱度,有利于大脑坚持长时间的工作。因此说,经常食用虾皮拌香菜,对提高大脑记忆力、增强脑的灵活性、延缓老人智力迟钝,有良好的效用。

学龄期儿童活泼好动,需供给足够的热能和蛋白质,此外还要保证钙、磷的比例适当的供给。同时,维生素 D 的供应也不可少,因为它对钙、磷的代谢是必不可少的。另外,还要注意铁、磺、锌、镁等元素的供给,对促进生长发育、提高身体抵抗力的维生素 C、维生素 B_1、维生素 B_2 等也必不可少。

西方营养学家认为,学龄期儿童的早餐是最重要的。吃好早餐,能帮助儿童集中精力学习及进行其他活动。中餐的重要性在于能及时补充孩子在一天中的热量需要,因此必须保证营养素的平衡。

四、科学的饮食结构是健脑的关键

人体所需营养是多种多样、丰富多彩,各种营养必须平衡。在古代,我们的先辈就很重视营养的平衡了。《黄帝内经》中就有"五谷为养,五果为助,五畜为益,五菜为充"的观点。这里有一个真实例子,是发生在今年河南省。每一个孩子的父母都是"望子成龙",同样,王诚的父母也不例外。可是,面对即将高考的王诚,他们只顾盲目地给孩子吃营养的东西,最后由于孩子营养不平衡而导致了孩子面无血色,虚弱得连路也走不了。万不得已,在高考的当天,王诚的父母带他去了医院,经医生诊断,孩子出现这种现象是由于过度地吃高营养食物,进而导致营养的不平衡。

那么,究竟什么才是真正的"膳食平衡"呢? 简单地说"膳食平衡"就是指膳食中所供给的营养与机体的正常需求要保持平衡。

1. 酸碱度的平衡:我们知道,人体在正常状况下,血液为弱碱性,PH值为7.35至7.45,用以应付源源不断涌入的酸性物质,饮食中摄入过多的酸性或碱性物质,会造成酸碱平衡失调。不论是酸性过多,还是碱性过多,都会引起身体的不适。

血液酸碱度低于7.35则为酸中毒,患者表现出呼吸快而深,如血液酸碱度高于7.45,则为碱中毒,呼吸常常慢而浅,常有手足抽搐。目前,很多人都在大量食用酸性食品。当血液pH值接近7时,就接近了酸性,血液酸性化就称为酸性体质。酸性体质的人常有一种特殊的疲倦感,影响头脑的正常学习。开始时有慢性症状,手脚发凉,容易感冒,皮肤脆弱,伤口不易愈合。酸性本质达到严重状态时,会直接影响脑神经功能,从而引起记忆力减退,思维能力下降,神经衰弱。

那么,哪些食物属于酸性食物? 一般我们所吃的主食米和面就是酸性食物,副食中的肉类、鱼类、贝类、虾、鸡蛋、花生、紫菜,还有啤酒、白糖都属于酸性食物。由于主食多是属酸性的,所以我们必须有意识的吃一定的碱性食物中和酸性,使我们的头脑处于清醒活跃状态。

那么，又有哪些食物属于碱性的呢？显然蔬菜、水果、豆类、海藻类、茶、咖啡、牛奶都属于碱性食品。如果大量吃鱼、肉、蛋，而忽视了蔬菜和水果，看起来营养水平提高了，但却形成酸性体质，反倒使大脑疲倦，记忆力下降。

另外，白糖是一种典型的酸性食品，不能大量食用，会引起脑功能障碍。

2. 改掉偏食的坏习惯：偏食常常会使人体不能全面地摄取营养。在我们周围，有偏食习惯的人不少，他们只吃自己喜欢吃的食物，不喜欢的就不吃，尤其是不爱吃蔬菜的人，又不能天天吃水果，所以很容易造成酸性体质，从而影响记忆力。

3. 饱食后不要马上学习：饱食之后马上学习，效果很不好。因为消化胃里的食物，需要大量的血液作为进行消化和吸收工作的能源。饭后一至二小时内，血液的调配与平时截然不同，大部分集中到肠胃里面，而大脑记忆信息需要血液输送养料，通过血液供给大脑的氧气就越少，思维活动也就越迟钝。在这种情况下学习，记忆力不佳，脑子就像糨糊一样。所以，吃饱饭后，不要马上学习。

吃零食有利也有弊，不分时间乱吃零食，会破坏肠胃的活动规律，打破正常的食物条件反射，而且零食不断进入到肠胃里，腹部始终处于紧张状态，血液一直集中在消化器官上，大脑却是空空的，这样会影响思维与记忆。

五、健脑食品可以提高记忆力

据江南的一位记者报道:2005 年江南的高考状元,他之所以能考上清华大学,与健脑食品是分不开的。据说:在开始吃健脑食品之前,他的记忆平平,只是吃了健脑食品之后,他非凡的记忆力才随着食品的科学化而逐渐提高。其实,像这样的例子有很多。可见,人的大脑中有无数亿个神经细胞在不停地进行着繁重的活动。

美国当代的科学家奥基耐经过长期的研究证实,饮食不仅是维持生命的必需品,而且在大脑正常运转中也发挥着十分重要的作用。有些食物有助于发展人的智力,使人的思维更加敏捷,精力更为集中,甚至能够激发人的创造力和想象力。

另外,法国的营养保健专家卡斯纳维经研究发现,一些有助于补脑健智的食品,并非昂贵难觅,而恰恰是廉价又普通之物,日常生活随处可见。以下几种食品就对大脑十分有益,脑力劳动者、在校学生不妨经常选食。

1. 牛奶。牛奶是一种近乎完美的营养品。它富含蛋白质、钙,及大脑所必需的氨基酸。牛奶中的钙最易被人吸收,是大脑代谢不可缺少的重要物质。此外,它还含对神经细胞十分有益的维生素 B_1 等元素。如果用脑过度而失眠时,睡前一杯热牛奶有助入睡。

2. 鸡蛋。大脑活动功能、记忆力强弱与大脑中乙酰胆碱含量密切相关。实验证明,吃鸡蛋的妙处在于:当蛋黄中所含丰富的卵磷脂被酶分解后,能产生出丰富的乙酰胆碱,进入血液又会很快到达脑组织中,可增强记忆力。

国外研究证实,每天吃 1～2 个鸡蛋就可以向机体供给足够的胆碱,对保护大脑、提高记忆力大有好处。

3. 味精。味精的主要成分是谷氨酸钠,它在胃酸的作用下可转化为谷氨酸。谷氨酸是参加人体脑代谢的唯一氨基酸,能促进智力发育,维持和改进大脑机能。常摄入些味精,对改善智力不足及记忆力障碍有帮助。由于味精会使脑内乙酰胆碱增加,因而对神经衰弱症也有一定疗效。但是过多食用味精会影响视力。

4. 花生。花生富含卵磷脂和脑磷脂,它是神经系统所需要的重要物质,能延缓脑功能衰退,抑制血小板凝集,防止脑血栓形成。实验证实,常食用花生可改善血液循环、增强记忆、延缓衰老,是名副其实的"长生果"。

5. 小米。小米中所含的维生素 B_1 和 B_2 分别高于大米 1.5 倍和 1 倍,其蛋白质中含较多的色氨酸和蛋氨酸。临床观察发现,吃小米有防止衰老的作用。平时常吃小米粥、小米饭,有益于脑的保健。

6. 玉米。玉米胚中富含亚油酸等多种不饱和脂肪酸,有保护脑血管和降血脂作用。尤其是玉米中含水量谷氨酸较高,能帮助促进脑细胞代谢,常吃玉米尤其是鲜玉米,具有健脑作用。

7. 黄花菜。人们常说,黄花菜是"忘忧草",能"安神解郁"。但要注意,黄花菜不宜生吃或单炒,以免中毒,以干品和煮熟吃为好。

8. 辣椒。辣椒维生素 C 含量居各蔬菜之首,胡萝卜素和维生素含量也很丰富。辣椒所含的辣椒碱能刺激味觉、增加食欲、促进大脑血液循环。近年有人发现,辣椒的"辣"味还是刺激人体内追求事业成功的激素,使人精力充沛,思维活跃。辣椒以生吃效果更好。

9. 菠菜。菠菜虽廉价而不起眼,但它属健脑蔬菜。由于菠菜中含有丰富的维生素 A、C、B_1 和 B_2,是脑细胞代谢的"最佳供给者"之一。此外,它还含有大量叶绿素,也具有健脑益智作用。

10. 橘子。橘子含有大量维生素 A、B_1 和 C,属典型的碱性食物,可以消除大量酸性食物对神经系统造成的危害。考试期间适量常吃些橘子,能使人精力充沛。此外,柠檬、广柑、柚子等也有类似功效,可代替橘子。

魔力悄悄话

鱼,日常生活中十分常见,它们可以向大脑提供优质蛋白质和钙,淡水鱼所含的脂肪酸多为不饱和脂肪酸,不会引起血管硬化,对脑动脉血管无危害,相反,还能保护脑血管、对大脑细胞活动有促进作用。

六、睡眠有利于增强记忆

美国当代的睡眠专家史蒂文森经过长期的实验证明,睡眠对于我们白天的表现有很大的作用,睡眠不足常常会引起后遗症,如白天嗜睡、情绪不稳定、忧郁、压力、焦虑、失去应变的能力、免疫力降低、记忆力减退等等。

人体中,诸如呼吸、心跳、血压、体温、饥饱和激素分泌等,都遵循一定的规律。睡眠也不例外,睡眠与醒来正好与昼夜的交替吻合,醒睡交替的规律是谁也违背不了的。

关于睡眠的成因,科学家们进行了大量的实验和研究。2003 年,德国著名的精神病学专家查尔纳发现了脑电波,对脑电波的描记称为脑电图。脑电图的发现使睡眠研究有了新的突破——人类可以直接观察到睡眠过程中脑细胞活动的情况了。各种研究睡眠机构的学说也不断涌现,主要可归纳为两大类:被动说和主动说。

在研究中,生理学家们发现睡眠不是一个单一的过程,而存在着两种睡眠状态的反复交替,即慢波睡眠和快波睡眠。慢波睡眠使大脑皮层活动普遍降低,全身肌肉松弛,眼球静止,呼吸变深变慢,心率减少,血压降低,睡眠安静而甜甜。快波睡眠又叫"有梦睡眠"。这种睡眠看上去人睡得不安稳、呼吸表浅、快速,心跳及血压出现波动,还有不停的、无规则的眼动现象。这时把睡眠者叫醒,80% 的人自述正在做梦。一夜之间,两种睡眠状态要反复交替 4 ~ 5 次。

就睡眠的长短而言,一般规律是:随着年龄的增长,睡眠时间逐渐缩短。儿童睡眠时间长,婴儿要长达 15 小时以上,成年人需要 7 ~ 9 小时,而老年人的睡眠量则更少。睡眠还有深浅、长短、早晚之分。

睡眠与记忆的关系主要表现在以下几个方面。

1. 睡眠为记忆提供物质能量,是记忆的"加油站":大脑生理学研究成果表明,大脑在工作的时候需要某种含氧化合物,而这种含氧化合物只有在特定的时间——睡眠时才能大量制造,这就为觉醒时的思维与记忆做好了物质准备。由于大脑神经细胞的工作能力是有限的,超过了限度,大脑皮层会变成保护性抑制,从而需要睡眠,否则就会出现疲劳、头昏脑涨、食欲不振等现象。通过睡眠对大脑的"充电"可以解除疲劳,使大脑重新兴奋起来,从而为高效学习和记忆做好准备。

2.睡眠对记忆有巩固作用:有关实验指出,在睡眠中记忆过程并没有停止,大脑会对刚接收的信息进行归纳、整理、编码、储存。还有实验表明,睡眠中也可以进行记忆。例如,在睡眠中听录音有明显的记忆效果。但跟踪观察得知,被试者长期在睡眠中听录音,会引起心理变化,产生不愉快的情绪。

3.失眠和睡眠过度都会影响记忆:失眠会影响记忆是显然的。而睡眠过度往往是由于疾病或懒惰造成的,当然也会影响记忆。

4.做梦与记忆:心理学家们进行多次实验证明:正常做梦不仅不影响睡眠,而且有利于心理活动,有利于学习和记忆。但整夜做噩梦则是不正常的,应该寻找原因,及时治疗。

要想记忆好,首先必须保证睡眠好。要取得良好的睡眠效果,必须注意以下几个方面:

1.遵守睡眠时间,保持良好的睡眠习惯:良好的睡眠应该遵循醒睡节律,每天按时就寝,按时起床,保证睡眠时间,对长期形成的睡眠习惯不要随意改变。许多人有午睡的习惯,抓紧中午时间小睡一会儿,对于消除倦意、恢复兴奋、振作精神是有益的。但不要睡起来没完,否则会影响夜间的睡眠。

2.创造良好的睡眠环境:室内的温度要适宜,环境要安静。最好长年开小窗,保持空气流通。冬季不要在卧室内生煤炉、烧煤气,避免一氧化碳中毒。床垫不宜过于柔软。枕头不宜太高或太低。被褥应该洁净,薄厚适宜。睡眠时不要忘了关灯,因为开灯睡觉不踏实。

3.做好睡前准备:睡前一小时内,要减少或停止紧张的脑力劳动,也不宜做运动量大的体操,不要使心情过于激动或悲伤、烦恼。上床前最好洗澡,至少用热水洗洗脚。最好不要在床上看书和思考问题。睡前还不宜过饱或饥饿。切忌睡前喝茶、咖啡等有刺激性的饮料,也不要吸烟。

4.选择正确的睡姿:睡眠姿势也值得注意,不要脸朝下趴着睡,这样会有碍呼吸。最好多采用右侧睡,可以减少心脏的负担。夜里应多变换睡眠姿势,翻几回身。还应注意不要蒙头睡,并注意脚的保暖,衣服应少穿。

5.吃有利睡眠的食品:古书就有记载,黄花菜有"安五脏,利心志"的作用,是一种很好的利眠食品。晚餐用黄花菜烹汤佐膳,或睡前用一两黄花菜煎服,能使人安睡。龙眼(也称桂圆)、莲子、大枣等,对治失眠症有良效。神经衰弱的人晚餐进食小米粥,能早眠熟睡。失眠、夜间多尿的人,宜吃糯米粥。此外,夜间饮一杯热牛奶,或嗑一把葵花子都有安眠作用。

睡眠是最基本也是最重要的休息,但并不是休息的全部。休息是多种多样的。在紧张的工作和学习之余,散散步,呼吸一下新鲜空气;看一段轻松愉快的相声或小品;做做操,活动一下筋骨;和人下一局棋,或玩游戏,或开玩笑;等等,对记忆和思维都有"充电"作用。所以在睡眠以外的这些"积极"的休息也很重要。

睡眠专家认为,想保持头脑清醒、心情愉快、思想敏锐、活力充沛,至少得把三分之一的人生花在睡眠上,最重要的是,要避免失眠。

睡眠是人类必不可少的生理需要,是人体借以维持正常活动的自然休息。每个人都要用1/3左右的生命时间来睡眠。人对睡眠的需要,犹如呼吸和血液循环一样。长期睡眠不足可能引起疾病。

七、精神放松有利于增强记忆

美国的教育学家阿特沃特曾说:大脑疲劳就是大脑细胞活动过度引起的。如果大脑正处于疲劳阶段,不论你怎样努力,脑细胞的活动能力也要降低,记忆力随之下降。在这种状态下勉强工作,久而久之会降低大脑的兴奋程度。

可见,大脑不能过度疲劳。每当大脑疲惫时,就应该休息片刻,让大脑得到充分休息,使记忆经常处于最佳工作状态。

许多人都知道,睡眠有助于恢复体力和脑力,有两份医学报告分别显示,睡眠有舒缓压力、放松精神,增强记忆力的功效。

1. 减压与发挥记忆力

以色列研究人员上个月发表的研究报告显示,睡眠是舒缓压力的好方法。

这项研究是以 36 名 22 岁至 36 岁的学生为调查对象,让这些学生在压力高峰期下接受评估,根据他们按对压力的处理法分成两组。研究结果显示,倾向忧虑者会减少睡眠时间,相反,那些懂得疏导情绪者,睡眠不但没有减少,反而增加了。研究人员说,有时睡眠可以帮助舒缓激动神经紧张,使人暂时远离压力。

哈佛医学院也有报告指出,要加强记忆力,必须要有足够的睡眠。这项研究有 24 人作为被研究对象,研究人员要他们在 1/16 秒内确认电脑上闪动的 3 条斜纹,结果有半数的人当晚呼呼大睡,其余的则保持清醒,直到第二晚或者第三晚才可入睡。4 天后测试这 24 名人士的记忆力,结果发现,第一晚入睡者,辨认图案的正确度比不睡者强。研究结果显示,饱睡一顿,精神放松后记忆力才能充分发挥。

2. 睡眠不足的后遗症

专家认为,睡眠对于我们白天的表现有很大的作用,睡眠不足会引起一些后遗症,如白天嗜睡、情绪不稳定、忧郁、压力、焦虑、失去应变能力、免疫力降低、记忆力减退、失却逻辑思考力、理解能力降低、工作效率下降等。值得注意的是,由于生活形态的改变,目前有不少人严重睡眠不足,或是患有失眠症。

美国睡眠障碍协会认为,睡眠有量化标准,可鉴别失眠的严重程度。各种失眠表现的量化标准如下:

(1)入睡困难:是指从上床到入睡时间不超过 30 分钟。

(2)睡眠不充实:是指觉醒的次数过量或时间过长,如整晚觉醒时间每次超过 5 分钟,同时觉醒次数有两次以上;或是整晚的觉醒时间总共超过 40 分钟。

(3)浅度睡眠:熟睡或深睡期降低,相反的,入睡期与浅睡期增加,这也显示睡眠量不够。

(4)睡眠时数不够:睡眠时数少于 6.5 小时。睡眠专家认为,假若上床 30 分钟还无法入睡,或是半夜里忽然醒过来,不妨干脆下床,走出卧室,或在黑暗中坐一会儿,或是读点轻松的书,听点轻快的音乐,甚至做点简单的家务,以放松神经,那么,再次上床时也许就较易入睡。

专家认为,要确立自己的睡眠量可依照下列步骤:

先定下适合自己的上床时间,除了要容易入睡外,也必须距离起床时间至少 8 小时。在接下来的一个星期内,在同样时间上床,并每天记录起床状况,由于过去上床时间较晚,习惯睡得较短,在开始的前几天,你也许会醒得较早,但往后,醒来的时间就会渐渐延后。

专家认为,永远不必担心自己睡得太多,而且,遇有空当,可尽量利用时间,多闭双眼养好精神。

做梦期间 1/3 时间是用来睡眠,但对睡眠的用途却了解甚少。研究人员说,做梦也许是大脑在重现白天的经历,把这些内容固定在记忆中。

研究人员利用先进的大脑成像技术观察到,在人们学习新本领和在梦境中畅游时,工作的是大脑的同一部位。

在这项试验中,18 名 18~25 岁的志愿人员被分成几组,试着在电脑屏幕上辨别一闪而过的图形。当指定的图形出现时,按键予以确认。研究人员则利用成像仪监视受测者的大脑变化,观察各部分脑组织对葡萄糖和氧气的消耗状况。测试结果表明,接受测试几小时后去睡上一觉的人,醒来再测时反应加快,得分升高。用成像仪测试显示,当人们睡觉时,脑部活跃程度和血流量与参加测试时无异。

研究人员说,这些受测者在睡觉期间,其大脑可能在整理刚才的经历,并记忆他们所学到的东西。

人们常说脑子越用越好使,但是,使用过度也许会适得其反,导致脑"过热"。

当脑"过热"时,再继续伏案学习和工作,也没有什么效率了。为了唤起学习和工作的活力,有时需要调整一下情绪,让脑子得以休息。

说到这里,我们就会发现许多这样的例子:大学里几乎都是 45 分钟一堂课;体育比赛的时间,足球是 45 分钟半场,90 分钟一场(都是对成人的)。那时因为人的注意力,最多只能保持 80~90 分钟。超过这个限度,注意力就会下降,工作效率也随之渐渐降低。

所以,无论工作也好,学习也好,最好以 45 分钟为一个时间段,其间休息一会儿,调整一下情绪,再继续进行是保持注意力的最好方法。但休息应控制在 15 分钟之内,超过 15 分钟,就会精神涣散,无心工作了。

但是,在繁忙的商务现场,不可能到了 45 分钟就休息,几乎没有这样的闲暇。在这种情况下,调整情绪的方法,就是放下手中的活儿,做一些其他的工作,把注意力转移到别的方面。据说爱因斯坦在研究的空闲里,经常拉小提琴,演奏乐曲,不但可以通过听音乐达到放松的目的,还可以活动身体,所以是调整情绪的最好方法。

常听人说"越能干的人,脑筋转换得越快"。

当心境处于宽松、平静状态下,影响工作和学习的负面压力也会随之减少。

不过,虽说放松,但如果方法不对头,就会注意力涣散,精神懈怠,注意力也会随之涣散,所以难就难在把握放松的分寸上。

放松状态,就是无紧张状态,相反,紧张状态,是交感神经受到刺激的状态。所以,要放松,就必须使副交感神经这个抑制神经的功能处于优势。

睡眠是达到这一目的的最有效的办法。但事实上,我们不可能在上班时间打盹儿,可行的办法,就是用一点时间休息一下脑子,什么也不想,让自己发呆,只需要 2 ~ 3 分钟就可以。

当全身肌肉放松,闭上眼睛,头脑出现空白时,身心就会处于放松状态。这样,大脑就会得到休息和恢复,重新恢复出活力和工作欲望。

注意力能高度集中,记忆力也处于最佳状态,即使不好记的内容也会顺利进到脑子里,再忙的工作,也能高效率地处理好。也就是说,身心处于放松状态,是脑子最大限度地发挥作用的重要条件。

八、做"大脑操"有利于增强记忆

德国当代的心理学家科尔经过长期的实验研究,指出:作为人体"最高司令部"的大脑,每天要接纳大量信息并予以一一处理,其工作之繁重是可想而知的。脑所需的营养成分是靠血液来供应的,每天从心脏输送出来的血液有 16% 到 25% 是供给大脑的。脑的耗氧量要远远超过肌肉耗氧量。大脑对人类的重要性是毋庸置疑的。

简单地说大脑保健是用脑艺术的重要组成部分,只有保健得好,才能用得好。同时,大脑与身体密切关联,对脑的保健,必须涉及对身体的保健。两者共同构成了记忆的物质基础。

近日,美国当代的记忆研究学家米德·茵莱在某大学进行了这样的一项实验:他挑选了一位记忆中等的青年学生,让他每星期接受三至五天,每天一小时,背诵由三个数至四个数组成的数字的训练。每次训练前,他如果能一字不差地背诵前次所记的训练。就让他再增加一组数字。经过 20 个月约 230 小时的训练,他起初能熟记 7 个数,以后增加到 80 个互不相关的数字,最后他的记忆力能与一些具有特殊记忆力的专家媲美。

可见. 记忆力通过训练的确可以提高。事实上,古今中外的许多名入学者都通过各种方法来锻炼自己的记忆力。马克思从少年时代开始,坚持不断地用一种自己不太熟悉的外语去背诵诗歌,有意识地锻炼记忆力;列夫·托尔斯泰也是,每天早晨,他都严格要求自己强记一些单词或其他方面的东西,以增强记忆力。

下面给大家介绍几种行之有效的记忆力训练方法:

1. 积极暗示法:许多人之所以记忆力不佳,是由于对自己的记忆力缺乏自信。在面对一个要记的材料时,这些人常常想:"这多难记啊!""这么多,我能记住吗?"这种想法是提高记忆力的最大障碍。

美国某心理学家曾说:"凡是记忆力强的人,都必须对自己的记忆充满信心。要想树立起这种信心就要进行积极的自我暗示,经常在心中默念:

"我一定能记住!"当你对能否记住缺乏信心时,也可以回忆自己过去的成功经验,如"我曾在全班各科考试成绩排前五名,我几岁的时候就能背许多唐诗"。当这些过去良好的记忆形象再次浮现时,会增强你一定能记住的信心。

2. 精细回忆法:我们在平时的学习和生活中,识记了很多东西,却很少去回忆。识记和回忆之间不平衡,使我们的记忆变得十分模糊。

经常回忆,回忆得尽可能精细,是锻炼记忆力的好方法。比如:回忆一间你非常熟悉的房间,想一想房间里都有什么? 门窗朝哪开? 家具都摆在哪里? 墙上挂着哪些装饰品? 暖气片和电灯开关在什么地方? 并检查你遗漏了什么。

想一想一小时前你在做什么? 你在哪里? 和什么人在一起? 你们在一起说了什么? 那个人长得什么样? 你如何向别人描述他的长相?

回忆一下你最近看过的电影,电影里都有哪些主要人物? 发生了什么事? 他们都做了什么? 结局如何? 要尽可能想出电影中每一个镜头。

回忆一下你童年的伙伴,你们在一起都做过什么? 还能记起他们的名字吗? 他们的家都住在什么地方?

3. 奇特联想法:联想是促进记忆的一种方式。比如,我们遇到一个生字:该字由口和羊组成,怎么叫"咩……"字义出来了,字音也知道。咩,羊叫之声,读 mie。

奇特联想是联想的一种,是将要记的东西在头脑中人为地形成一定的联想,从而帮助记忆。比如,要想记住长江流经的十个省份地名:青海、西藏、四川、云南、湖北、湖南、江西、安徽、江苏、上海要求按名次记忆,不能颠倒顺序。

我们可以先准备一套数序定位词。笔就可以想象成 1;鸭子从侧面看像 2;把 3 向左放平,像螃蟹;钢锯的外形跟 4 相像;5 像小钩子的秤钩;6 像一个乒乓球拍的那种水壶;7 像劳动用的镰刀;8 像铁链;9 像炉锥子;10 像铁环。

有了这套数序定位词,我们就可以把需要记忆的材料,通过联想同这些定位词钩挂起来进行记忆。联想的方法可以根据各人的具体情况进行。如我们可以这样进行联想记忆的:

笔——青海:我用毛笔,在大海里搅起一条青色的海带(重点词汇的谐音,以下相同)。

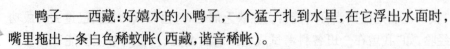

鸭子——西藏:好嬉水的小鸭子,一个猛子扎到水里,在它浮出水面时,嘴里拖出一条白色稀蚊帐(西藏,谐音稀帐)。

螃蟹——四川:螃蟹想当医生,站起来用两只大夹子试穿白大褂,结果在白大褂上试穿了两个大洞(用试穿来谐音四川)。

钢锯——云南:我把钢锯抛向天空,钢锯在天空把正在飞动的云彩拦住了。

弹簧秤钩——湖北:我把弹簧秤钩放到湖里,把湖里的白菜都钩了出来。

水壶——湖南:我把水壶里的蓝墨水倒进湖里,湖水全都变蓝了。

镰刀——江西:我站在长江边上,把用黄泥做成的镰刀放进江水里,江水把镰刀都浇稀了。

铁链——安徽:我把长长铁链按进火炉的炉灰里,不小心手都被炉灰里的火烫伤了。

炉锥——江苏:我很爱吃羊肉串,我用炉锥子穿上生姜和酥肉烤肉串吃。

铁环——上海:哪吒在海边玩铁环,巨大的铁环在海上飞快滚动着,激起浪花朵朵,而且铁环越滚越大(用海上代表上海)。

运用这种方法,具体记起来可以因人而异,极富创造性与灵活性。不但可以记住顺序,而且倒记正记,都会准确无误。

这样,开始的时候看起来好像有些麻烦,其实如定位词一类的东西只是一种工具,只要一开始准备好了,就是一劳永逸的事情。大家一定要有鲜明的动画场景在脑海中,这样才会记忆深刻。

4. 限时强记法:在规定的时间里去背诵一些数字、人名、单词等等,可以锻炼博强记的能力。

比如:在 3 分钟内,背诵圆周率小数点后 30 位数字:1415 9265 3589 7932 3846 2643 3832 79;

在 2 分钟内,背诵十个陌生的人名;

在 10 分钟内,背诵十个外文生词。

5. 记忆保健操:思维按摩训练。这是一种克服思维和学习障碍的简单方法,这种锻炼适合各年龄段的人,可使锻炼者通过运动和触摸调动潜能。

方法 1:用拇指和食指从上到下轻轻按摩整个耳朵。这会刺激 400 多个与大脑和身体相关的穴位,增强注意力、听力和短时记忆力。

方法2:用两只手的手指触摸眼睛周围的穴位,可促进额头的血液循环,消除记忆障碍,增强长时间记忆力。

专门研究锻炼记忆力方法的某学者说:"要具备可靠的记忆力,必须每天花费一刻钟到半个小时的时间,做一套有计划的脑力练习,复杂的简单的均可,只要能迫使你去动脑筋。"